Markus Peter Kretschmer

De-Extinktion — Die Rückkehr der Urzeit-tiere

Vom Mammut zum Beutelwolf – Chancen und Risiken der Wiederbelebung ausgestorbener Arten

LeseGlück

Eine Marke von EK-2 Publishing

Ihre Zufriedenheit ist unser Ziel!

Liebe Leser, liebe Leserinnen,

zunächst möchten wir uns herzlich bei Ihnen dafür bedanken, dass Sie dieses Buch erworben haben. Wir sind ein mittelständisches Familienunternehmen aus Duisburg und freuen uns riesig über jeden einzelnen Verkauf!

Wir sind bestrebt, jedes unserer Bücher für Sie zu einem ganz besonderen Leseerlebnis zu machen. Daher liegt uns Ihre Meinung sehr am Herzen!

Wir freuen uns über Ihr Feedback zu unserem Buch. Haben Sie Anmerkungen? Kritik? Bitte lassen Sie es uns wissen. Ihre Rückmeldung ist wertvoll für uns, damit wir in Zukunft noch bessere Bücher für Sie machen können.

Schreiben Sie uns: info@ek2-publishing.com

Nun wünschen wir Ihnen ein angenehmes Leseerlebnis!

Ihr EK-2 Publishing-Team

Vorwort

De-Extinktion – unter diesem fremdklingenden Wort versteht man kurz gesagt das Bestreben, ausgestorbene Organismen wieder zu neuem Leben zu erwecken. Aber geht das? Kann man Dinosaurier und andere Urzeit-Tiere eines Tages wieder zurückbringen? Stehen wir wirklich kurz davor, ein Mammut oder gar einen *T. rex* wiederzubeleben? Und gibt es sogar schon Lebewesen, die einst unsere Erde bevölkerten, dann aber ausstarben, und die jetzt wieder von eifrigen Wissenschaftlern zurückgebracht wurden? Diese Fragen bekomme ich regelmäßig gestellt, sowohl von meinen Schülern als auch von Erwachsenen, die sich für die Urzeit interessieren. Sie gehören auch für mich zu den spannendsten, wenn es um Urzeit-Themen geht! In diesem Buch möchte ich ihnen auf den Grund gehen. Zuerst müssen wir dabei aber eine ganz grundlegende Frage klären: Was ist De-Extinktion eigentlich, also wie wird die Wiedererschaffung ausgestorbener Tiere überhaupt definiert?

Um uns dieser Frage zu nähern, beginnen wir am besten mit dem wohl bekanntesten und erfolgreichsten Beispiel aus der Literatur und Filmgeschichte, in welchem Dinosaurier die Hauptrolle spielen. Bis heute ist die Jurassic Park-Reihe (fortgesetzt als Jurassic World) eine der erfolgreichsten Filmreihen aller Zeiten, und das wohl ikonischste Beispiel für Dinosaurierfilme. Zwar waren auch schon lange vor Jurassic Park Dinosaurier bereits beliebte Filmstars, denn bereits zu Beginn des 20. Jahrhunderts eroberten sie die Kinoleinwand, mit den ersten richtigen Blockbustern wie Die verlorene Welt (1925), King Kong und die weiße Frau (1933) oder Gwangis Rache (1969). Anders als in den allermeisten Dinosaurierfilmen begegnen die Menschen den Urzeitmonstern in Jurassic Park jedoch nicht etwa in einer abgelegenen, bislang unerforschten Wildnis, auf einem fremden prähistorischen Planeten oder bei einer Zeitreise zurück in die Urzeit. In Jurassic Park wird erstmals ein völlig anderes Szenario gewählt und die Dinosaurier werden mithilfe von allerneuester Gentechnologie wieder in unsere Welt zurückgebracht.

Den meisten meiner Leser ist wahrscheinlich der Inhalt des Films, vielleicht auch der Romanvorlage, bekannt. Deshalb will ich hier nur auf die wesentlichen Punkte eingehen, die konkret mit unserem Thema zu tun haben: Ein reicher Milliardär namens John Hammond und seine Firma InGen schaffen es, das Erbgut der Dinosaurier zu entschlüsseln und sie zu klonen. Auf einer abgelegenen Insel in Costa Rica, der Isla Nublar, hat Hammond einen Freizeitpark aufgebaut, um die zurückgebrachten Dinosaurier darin auszustellen. Doch kurz vor der Eröffnung kommt es zu einem tödlichen Zwischenfall, der Sicherheitsbedenken aufwirft. Aus diesem Grund soll eine Inspektion durch einige namhafte Forscher wie den Paläontologen Dr. Alan Grant, seine Partnerin Dr. Ellie Sattler, den exzentrischen Mathematiker Dr. Ian Malcolm und den opportunistischen Anwalt Donald Genarro erfolgen, um die Bedenken zu zerstreuen. Doch es kommt noch schlimmer: Dennis Nedry, ein korrupter Angestellter mit Geldsorgen, legt das automatisierte Sicherheitssystem des Parks lahm, um Dino-Embryonen von der Insel zu schmuggeln. Ein Tropensturm erledigt den Rest. Die Dinosaurier brechen aus, ein paar Menschen werden gefressen, der Park scheitert spektakulär und muss aufgegeben werden.

De-Extinktion – eine erste Definition

In diesem Buch wollen wir nicht Überlegungen dazu anstellen, ob Crichtons Szenario (inklusive Dinosaurierausbruch!) realistisch ist, und ob Dinosaurier für uns Menschen wirklich so gefährliche Tötungsmaschinen wären (das waren sie nämlich nicht!). Es soll vielmehr viele offene Fragen zum Thema De-Extinktion beantworten. De-Extinktion: Das ist das geheimnisvoll klingende Fremd- bzw. Neuwort für genau das, was sie in Jurassic Park machen, nämlich ausgestorbene Tiere wieder zu neuem Leben zu erwecken. Das Aussterben (englisch: extinction) wird somit rückgängig gemacht.

Die Species Survival Commission der International Union for Conservation of Nature (IUCN) hat den Begriff 2016 definiert. Dabei wird zuerst einmal klargestellt, dass der Begriff „De-Extinktion" irreführend sei. Er bedeutet somit nicht, wie viele meinen, dass es darum ginge, Arten, von denen heute keine lebensfähigen Individuen mehr existieren, in ihrer gesamten genetischen, verhaltensbiologischen und physiologischen Beschaffenheit wiederherstellen zu können. Es geht also im Grunde gar nicht um eine getreue Wiedererschaffung! Im Sinne der Leitlinien der Kommission besteht das legitime Ziel, einen sogenannten Proxy zu kreieren, also einen Stellvertreter, der in der Lage ist, ökologische Funktionen oder Prozesse wiederherzustellen, die durch das Aussterben der ursprünglichen Art verloren gegangen sind. Der Proxy sollte der ausgestorbenen Form aber in gewisser Weise entsprechen, also eine phänotypische Ähnlichkeit, das (vermutete!) Verhalten sowie die gleiche ökologische Nische zu ihr aufweisen. Eine Eins-zu-eins-Kopie mit einer exakten genetischen Entsprechung der ausgestorbenen Form würde man dagegen Faksimile nennen.

Auch in Jurassic Park sind die zurückgebrachten Dinosaurier keine „reinen" genetischen Duplikate ihrer Vorbilder aus dem Mesozoikum, sondern wurden mit Frosch-DNS und dem Erbgut anderer, moderner Tiere modifiziert. Diese Tiere würden also der Grobdefinition von De-Extinktion entsprechen.

Wie dieses spannende Unterfangen technisch möglich gemacht werden soll, welche Hürden ihm (noch?) entgegenstehen, wie und wo die wiedererschaffenen Tiere vielleicht auf unserer heutigen Welt leben könnten und konkret, wie weit wir auf dem Weg dorthin tatsächlich heute (also im Jahr 2025!) schon sind, das sind die Kernthemen, die ich in diesem Buch aufgreifen möchte.

Zentrale Fragen und Problematiken der De-Extinktion

Die zentrale Botschaft von Jurassic Park, nämlich die Frage, ob man Dinos und andere Urzeittiere wirklich zurückbringen dürfe, und welche ethischen oder auch ganz pragmatischen Bedenken der De-Extinktion vielleicht entgegenstehen, wird hier aber immerzu mitschwingen. Das tun sie schließlich auch in Jurassic Park. Bereits im ersten Film wird in einem vielsagenden Dialog der Hauptfiguren auf das bevorstehende Schicksal des Parks und die nur scheinbare, aber tatsächlich fehlende Kontrolle des Menschen hingedeutet:

Malcolm: *„Der Mangel an Demut vor der Natur, der hier offen gezeigt wird, erschüttert mich."*
Genarro: *„Nun, ich danke Ihnen, Dr. Malcolm, aber ich finde, die Dinge liegen ein wenig anders, als Sie und ich es …"*
Malcolm: *„Ja, ich weiß. Es ist alles noch viel schlimmer."*
Genarro: *„Also warten Sie es ab, wir haben den Park noch nicht einmal gesehen …"*
Hammond: *„Nein, nein, nein, lassen Sie ihn ausreden! Wir wollen ihm nicht das Wort abschneiden. Ich möchte jeden Standpunkt hören."*
Malcolm: *„Ja, erkennen Sie denn nicht die Gefahr, John, die da drinsteckt? Die Genetik stellt die gewaltigste Macht dar, die der Planet je gesehen hat, aber Sie spielen damit herum wie ein Kind, das die Pistole seines Vaters gefunden hat."*
Genarro: *„Sie können doch hier nicht mit Verallgemeinerungen um sich werfen …"*

Malcolm: *„Nein, nein, nein. Wenn Sie gestatten, erkläre ich Ihnen, was das Problem bei dieser wissenschaftlichen Macht ist, die Sie hier anwenden. All das ist Ihnen gewissermaßen in den Schoß gefallen. Wissen Sie, Sie haben gelesen, was andere erforscht haben, und dann haben Sie den nächsten Schritt gemacht. Das Wissen ist nicht auf Ihrem eigenen Mist gewachsen, und deshalb übernehmen Sie auch keine Verantwortung. Sie stützen sich auf die genialen Forschungsergebnisse anderer, um möglichst schnell Ihr Ziel zu erreichen. Und bevor Sie überhaupt wussten, was Sie da hatten, ließen Sie es patentieren und vermarkten es und kleben ein Etikett auf eine Plastikdose und verhökern es. Sie verhökern es und wollen damit Profit machen!"*
Hammond: *„Ich glaube, Sie verkennen unsere wissenschaftlichen Leistungen. Unsere Wissenschaftler haben hier etwas vollbracht, was noch kein Mensch zuvor geschafft hat!"*
Malcolm: *„Ja, aber Ihre Leute waren nur darauf konzentriert, ob Sie es schaffen konnten oder nicht. Ob Sie es tun sollten, die Frage stellte sich keiner."*
Hammond: *„Der Kondor! Der Kondor, genau, steht kurz vor dem Aussterben. Und wenn ich hier auf dieser Insel Kondore erschaffen würde, hätten Sie garantiert nichts dagegen."*
Malcolm: *„Nein, nein, Sekunde. Das hier ist nicht irgendeine Spezies, die durch Rodung der Wälder ausgerottet wurde. Oder durch den Bau eines Staudamms. Die Dinosaurier hatten ihre Chance. Und die Natur selektierte sie zum Aussterben."*
Hammond: *„Diese innovationsfeindliche Haltung ist mir völlig unverständlich, besonders von einem Wissenschaftler. Ich meine, sollten wir etwa angesichts dieser wissenschaftlichen Entdeckung untätig bleiben?"*
Malcolm: *„Was sind schon Entdeckungen, das sind gewaltsame Eingriffe, die das verunstalten, was Sie untersuchen. Was für Sie ein Forschungsergebnis ist, ist für mich eine Vergewaltigung der Natur."*

Wenn wir uns mit der De-Extinktion befassen, müssen wir uns auch mit den verschiedenen Positionen beschäftigen, die ihr entweder entgegenstehen oder sie unterstützen, und diese rational und objektiv abwägen. Ein wichtiger Teil des Buches soll deshalb auch ethische Fragen multiperspektivisch untersuchen, und vielleicht kann es hier und da einige Augen öffnen und Horizonte erweitern, und zwar in beide Richtungen. Ich möchte einerseits die Möglichkeiten des wissenschaftlichen Fortschritts und seine praktischen und nützlichen Anwendungsbereiche aufzeigen und dabei auch seinen potenziellen Nutzen für die Artengemeinschaft herausstellen. Aber genauso will ich auch vor den Gefahren durch Missbrauch und Verkennung der Probleme warnen, die damit einhergehen. Beides zusammen muss aber nicht unbedingt ein Spagat werden.

Kapitel 1: (Wie) können wir ausgestorbene Tiere wiedererschaffen?

Bevor wir beurteilen können, ob die Rückkehr ausgestorbener Tiere überhaupt realistisch ist, geschweige denn, ob sie moralisch vertretbar und wünschenswert wäre, müssen wir zunächst klären, worüber wir hierbei eigentlich sprechen. Was genau machen sie in Jurassic Park eigentlich? Was davon ist möglich, was nur Science-Fiction? Und welche Methoden gibt es vielleicht noch, die bereits in der Praxis erprobt wurden? Tatsächlich gibt es nämlich mehrere, sehr verschiedene Wege zur De-Extinktion, die alle versprechen, den Ausgestorbenen wieder neues Leben einzuhauchen.

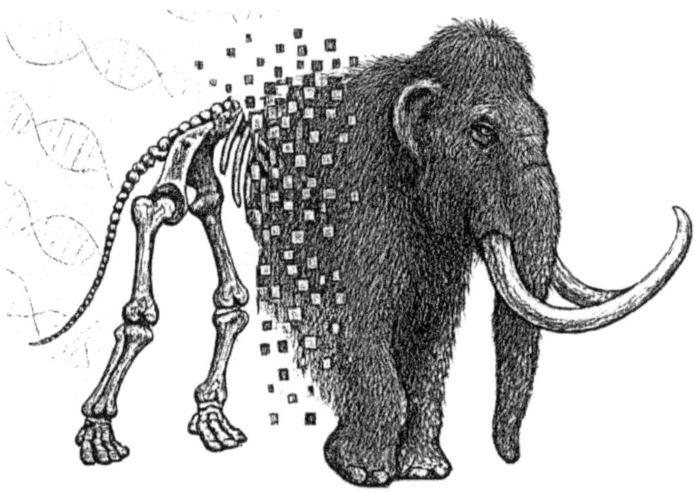

Direktes Klonen:

Die wahrscheinlich bekannteste und erste Methode, die einem dabei in den Sinn kommen mag: Ein ausgestorbenes Tier wird durch konservierte DNS und mittels Leihmutterschaft eines eng verwandten, heute noch existierenden Tieres geklont. Dafür brauchen wir das intakte Genom, am besten einen vollständig erhaltenen Zellkern, in dem alle genetischen Informationen des ausgestorbenen Tieres codiert und vollständig erhalten sind. Diese könnten, so die Theorie, in die entkernte Eizelle eines nah verwandten Tieres eingebracht werden, sodass eine Leihmutter dann eine identische Kopie des ausgestorbenen Tieres auf die Welt bringt.

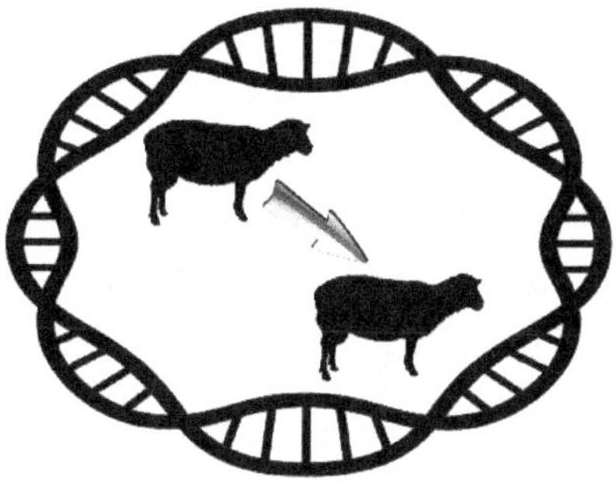

Genmanipulation:

Ein rezentes Tier wird durch konservierte Gene ausgestorbener Tiere manipuliert, sodass eine neue, der Urform aber zum Verwechseln ähnliche Art entsteht. So eine neu erschaffene Art aus zwei nicht eng miteinander verwandten Tieren, die sich auf biologischem Wege nicht miteinander fortpflanzen können, nennt man Chimäre.

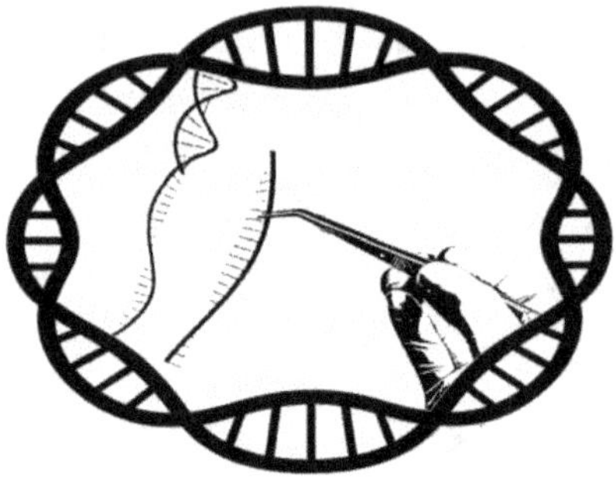

Im Gegensatz zum Klonen wird hierbei jedoch nicht das gesamte Genom des ausgestorbenen Tieres benötigt. Ähnliche genetische Abschnitte des manipulierten Tieres können so belassen werden, wie sie sind, und würden dennoch ein der Ursprungsart sehr ähnliches Individuum hervorbringen. Bislang wurde zwar noch keine solche Chimäre erschaffen, jedoch haben wir durch diese Methode wenigstens einige ausgestorbene Genvarianten bereits zurückgebracht.

Rückzüchtung:

Die dritte Methode kommt ganz ohne Labore und Hochtechnologie aus. Sie bringt bloß ganz herkömmliche Züchtungsmethoden zum Einsatz: Ein rezentes Tier wird dabei auf bestimmte Körpermerkmale gezüchtet. Hierzu suchen sich Züchter verschiedene Männchen und ein Weibchen aus, die bereits die gewünschten Eigenschaften haben, die sie reaktivieren wollen, wenn auch nur in schwach ausgeprägter Form.

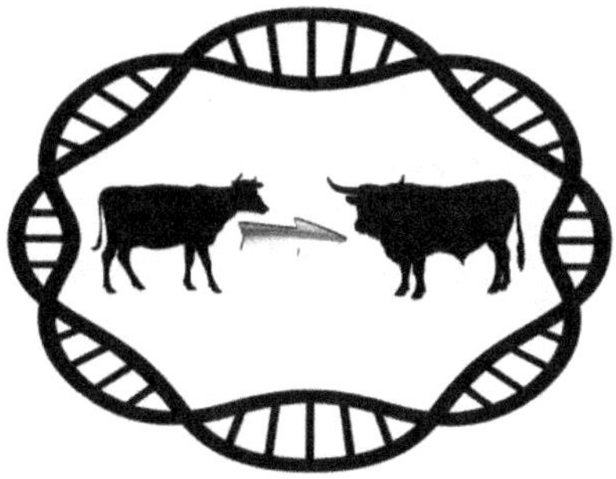

In der nächsten Generation werden dann wieder nur die Nachkommen miteinander verpaart, die diese Eigenschaften noch stärker ausgeprägt haben. Das wiederholt man immer wieder, bis sich die gewünschten Eigenschaften durch künstliche Auslese immer weiter verstärken. Die neugezüchteten Tiere, so der Plan, sollen dann irgendwann annähernd so aussehen wie ihre ausgestorbenen Vorfahren.

Iterative Evolution:

Es gibt sogar einen natürlichen Prozess der „Wiederauferstehung“ von Arten! Bei der sogenannten iterativen Evolution stirbt eine Art zwar zunächst endgültig aus, aber nach einiger Zeit entwickelt sich eine andere Art zu einem nahezu identischen Lebewesen. Die iterative Evolution ist damit ein ganz besonderer Extremfall der konvergenten Evolution: Diese meint eigentlich nur, dass nicht besonders eng miteinander verwandte Tiere ähnliche morphologische Eigenschaften ausprägen, wie etwa die ausgestorbenen Ichthyosaurier, die stark an moderne Delfine erinnern, aber verwandtschaftlich nichts mit diesen zu tun haben. Bei der iterativen Evolution sind aber zumeist dann doch sehr eng verwandte Formen beteiligt, sodass man hier sogar noch eher von „sich wiederholender Evolution“ sprechen kann.

Ein Beispiel dafür ist die Aldabra-Ralle, eine Unterart der Weißkehlralle (*Dryolimnas cuvieri*). Sie war ein flugunfähiger Vogel, der auf der Insel Aldabra im Indischen Ozean lebte und sich während des Mittelpleistozäns aus der flugfähigen (Weißkehlralle) entwickelt hatte. Vor etwa 136.000 Jahren war sie ausgestorben, als der steigende Meeresspiegel ihren Lebensraum vollständig überflutete. Vor etwa 100.000 Jahren sank der Meeresspiegel jedoch wieder und die Insel tauchte erneut auf. Die Weißkehlralle besiedelte die Insel erneut und entwickelte sich bald wieder zu einer flugunfähigen Art, die körperlich identisch mit der ausgestorbenen Aldabra-Ralle war.

Solche Arten nennt man auch Elvis-Taxon, benannt nach Elvis Presley bzw. den vielen Imitatoren des „Kings", die bis heute das amerikanische Publikum begeistern. Erwin & Droser (1993) haben diesen Begriff in Abgrenzung zum Lazarus-Taxon vorgeschlagen. Dieses Wort wiederum beschreibt Tiere, die man bloß für ausgestorben erklärt hat, die aber verborgen doch noch irgendwo ein Refugium finden und schließlich wiederentdeckt werden. So wie der verstorbene Lazarus, ein Freund von Jesus Christus, der von diesem vom Tode wiedererweckt wurde. Seine Geschichte wird im Neuen Testament im Evangelium nach Johannes, Kapitel 11, Verse 1 bis 44, erzählt.

Lazarus-Taxa, Elvis-Taxa und die iterative Evolution sind aber streng genommen nicht unter De-Extinktion zu fassen. Erstens ist der Mensch dabei ja überhaupt nicht beteiligt, es steht also keine vorherige Absicht dahinter, ein ausgestorbenes Tier wiederzuerschaffen. Zweitens ist außerdem bei den Lazarus-Taxa bloß ein menschlicher Irrtum im Spiel. Trotzdem sollen beide Phänomene hier nicht unerwähnt bleiben, weil sie trotzdem in unserem Kontext sehr interessant sind!

Wiederentdeckung und strenger Schutz von ausgestorben geglaubten Tieren

Letzten Endes können Lazarus-Taxa nämlich doch bei einer letzten wichtigen Methode der De-Extinktion eine Rolle spielen, die sich nahe am oder bereits im Bereich der Kryptozoologie bewegt. Viele Tiere gelten zwar offiziell als ausgestorben, weil die letzten Exemplare bereits seit vielen Jahren nicht mehr gesichtet wurden. Es besteht jedoch noch eine geringe Chance, dass diese Tiere doch noch nicht ausgestorben sind und in sehr abgelegenen Gebieten weiterhin in geringer Populationsstärke überlebt haben.

Das berühmteste Beispiel ist wohl der Quastenflosser (*Latimeria chalumnae*), bei dem man lange Zeit davon ausging, dass sogar seine gesamte Tierfamilie seit der Kreidezeit ausgestorben war, bis einem Fischer auf den Komoren so ein Tier im Jahre 1938 zufällig ins Netz ging. Der Quastenflosser ist damit das wohl bekannteste und sogar eines der extremen Beispiele für ein Lazarus-Taxon. Doch ist eine Wiederentdeckung wirklich bereits De-Extinktion?

Tatsächlich ja! Auch wenn so eine Wiederentdeckung in erster Linie bloß einen menschlichen Irrtum Lügen straft und man das allein noch nicht De-Extinktion nennen kann, ist es doch eine Tatsache, dass viele dieser wiederentdeckten, aber extrem seltenen Tiere dennoch dem Aussterben geweiht sind. Wenn nur eine Handvoll von ihnen existiert, so sorgt die daraus resultierende Inzucht für ein stetiges Schrumpfen der Bestände und führt letztlich unweigerlich doch zum Aussterben. Ein Projekt, das sich dem entgegenstellt, die Bestände sehr seltener Arten zu stabilisieren und dabei auch neue revolutionäre Gen-Technologien einsetzt, kann man also durchaus De-Extinktion, oder wenigstens präventive De-Extinktion nennen.

Projekte gibt es dazu viele. Sie alle aufzuzählen, würde uns wohl zu weit vom eigentlichen Thema dieses Buches wegführen. Im Oktober 2024 kündigte jedoch die De-Extinktionsfirma Colossal Biosciences die Gründung einer gemeinnützigen Organisation, Colossal Foundation, an, die sich dem Schutz und der Stabilisierung noch existierender, aber seltener Arten widmen soll. Die ersten Projekte betreffen das Sumatra-Nashorn (*Dicerorhinus sumatrensis*), den Kalifornischen Schweinswal (*Phocoena sinus*), den Rotwolf (*Canis rufus*), die Rosentaube (*Nesoenas mayeri*), den nördlichen Beutelmarder (*Dasyurus hallucatus*) und den Elfenbeinspecht (*Campephilus principalis*).

Colossal plant, diese extrem seltenen oder vielleicht sogar bereits ausgestorbenen Arten entweder wiederzubeleben oder wiederzuentdecken. Beim Elfenbeinspecht soll z. B. das Genom seines nächsten noch lebenden Verwandten modifiziert werden, um ihn zurückzubringen. Außerdem sollen hochauflösende Drohnenkameras und künstliche Intelligenz eingesetzt werden, um mögliche noch existierende Populationen dieser Tiere, die vielleicht noch in freier Wildbahn leben, aufzuspüren.

Die Methoden in Jurassic Park

In Jurassic Park sehen wir einen Mix aus den ersten beiden Methoden, nämlich Klonen und Genmanipulation. Hierbei gewinnen die Forscher DNS aus in Bernstein eingeschlossenen Moskitos, die vor Millionen von Jahren auch Dinosaurier gestochen haben. Weil diese DNS aber so stark zerfallen ist, setzen die Wissenschaftler im Film auch DNS von anderen Tieren, vor allem Fröschen, ein, um das Genom der Dinosaurier zu komplettieren. Die Dinos werden im Film zwar als Klone bezeichnet, doch sind es eigentlich

Chimären, die aus verschiedenen genetischen Quellen bestehen (teils Dinosaurier, teils Frosch, teils etwas anderes).

Im Film bringt genau diese Methode aber einige Gefahren mit sich. Eigentlich war es von den Betreibern des Parks vorgesehen, dass sich die Dinosaurier nicht unkontrolliert auf der Isla Nublar fortpflanzen sollten. So wurden alle Tiere im Park als Weibchen gezüchtet. Durch die Frosch-DNS können sich die Weibchen aber spontan zu Männchen entwickeln, wodurch sie sich schließlich trotz der strengen Geschlechtskontrolle fortpflanzen können. Da sich der Stand der Forschung inzwischen stark geändert hat und die Dinosaurier in Jurassic Park nicht mehr dem modernen Bild entsprechen, und weil man sich sogar schon 1993 einige Freiheiten bei ihrer Darstellung nahm, wird auch oft argumentiert, dass die Frosch-DNS schuld daran ist, dass der *Velociraptor* z. B. keine Federn hat, dass der *Tyrannosaurus* nur sich bewegende Objekte sieht und der *Dilophosaurus* Gift spucken kann.

In der Fortsetzung Jurassic World (2015) tritt auch ein sogenannter Hybrid auf: *Indominus Rex*, der den laufenden Park ins Chaos stürzt. Im Nachfolger Jurassic World – Fallen Kingdom (2018) wird aus dessen DNS noch der *Indoraptor* gezüchtet, eine kleinere, aber nicht weniger tödliche Variante. In der animierten Serie Camp Cretaceous und in den Computerspielen sind seither noch weitere Hybriden aufgetreten. Doch diese sogenannten „Hybriden" sind in Wahrheit auch nur Chimären, da sie aus dem Erbgut mehrerer Tierarten konstruiert wurden. In Wirklichkeit lässt sich aber so ein Mischwesen nicht konstruieren. Echte Hybriden gibt es zwar, aber das sind immer Kreuzungen aus nah verwandten Arten, wie etwa ein Maulesel (aus Pferdehengst und Eselstute) oder ein Liger (aus Löwenmännchen und Tigerweibchen). Tiere, die aber nur weit entfernt miteinander verwandt sind, kann man aufgrund ihres unterschiedlichen Erbguts nicht beliebig miteinander kombinieren. Es lassen sich zwar durchaus einzelne funktionale Gene von Fremdwesen in einen Klon einschleusen, allerdings nicht so, dass daraus dann ein völlig neues Tier entstehen würde, das halb das eine, und halb das andere ist!

Bis heute wurde folglich noch nie eine echte Chimäre erschaffen. Und das wird in Zukunft wohl auch nie Realität werden, jedenfalls nicht aus Tieren, die nur sehr weit entfernt miteinander verwandt sind. Je entfernter die Verwandtschaft, umso höher steigt das Risiko für genetische Komplikationen. Missbildungen und Tumore werden dadurch immer wahrscheinlicher, weil die Gene einfach nicht miteinander kompatibel sind. Im ungünstigsten Fall erkennt das Immunsystem der Leihmutter den Embryo bloß als Fremdkörper und stößt ihn einfach ab. Es ist somit sehr zweifelhaft, ob aus einem wild zusammengerührten Cocktail aus Dino, Frosch, Tintenfisch und anderen Viechern überhaupt ein lebensfähiger Embryo hervorgehen könnte. Wahrscheinlich würde dieser nämlich schon im frühen Stadium sterben, und noch wahrscheinlicher: Die Zelle würde sich gar nicht erst teilen.

Alle genannten Methoden zeigen dennoch, wie viele verschiedene Wege es theoretisch geben könnte, um ausgestorbene Tiere zurückzubringen. Dennoch haben sich alle Wege bislang als sehr steinig erwiesen. Besonders beim direkten Klonen, das oft als der „einfachste" Weg erscheint, stößt die Forschung immer wieder an ihre Grenzen. Deshalb wollen wir uns diesen Prozess als Nächstes einmal genauer anschauen.

Kapitel 2: Was ist klonen?

Nicht nur in Jurassic Park wird das Klonen thematisiert. Die Möglichkeit zur Erschaffung genetischer Ebenbilder und der daraus resultierenden ethischen Konflikte beschäftigt Hollywood in ähnlicher Weise wie die Erforschung des Weltraums oder die Robotik, und ist nicht weniger faszinierend. In The 6th Day (2000) entdeckt ein Mann bei der Rückkehr in den Feierabend, dass er längst zuhause ist und durch einen Klon ersetzt wurde. In Die Insel (2005) erschafft eine skrupellose Firma Klone von Prominenten, um sie als lebende Ersatzteillager mittels Organspender zu missbrauchen. Und auch in der Star Wars-Reihe sowie in einigen Serien werden geklonte Soldaten in die spektakulären Weltraumschlachten geschickt. Insbesondere mit Blick auf die De-Extinktion ist das Klonen ein sehr häufiges Thema. Doch ist das alles wirklich nur Science-Fiction? Was genau ist Klonen eigentlich, und wie kann man sich dieses Prozedere in der Praxis vorstellen?

Klonen ist ein modernes wissenschaftliches Verfahren der Gentechnik, mit dem man identische Kopien von einzelnen Zellen oder sogar ganzen Lebewesen erzeugen kann. In der Biotechnologie und auch beim Beispiel von Jurassic Park meint man damit heute vor allem das sogenannte reproduktive Klonen, bei dem ein vollständiges Lebewesen entsteht. Daneben gibt es noch das therapeutische Klonen, das vor allem bei der Stammzellenforschung eingesetzt wird.

Der Ablauf, wie man ein Tier (oder auch einen Menschen) klonen kann, ist auch für Laien relativ einfach zu erklären und zu verstehen: Alles beginnt mit einer Körperzelle (z. B. Haut- oder Muskelzelle) eines Spendertieres.

Zellen und DNS

In jeder Zelle eines mehrzelligen Organismus befindet sich ein Zellkern, in dem die gesamten genetischen Informationen, das sogenannte Genom oder Erbgut, gespeichert sind. Man findet also in jeder einzelnen Zelle, egal ob aus den Schleimhäuten, den Knochen, Muskeln oder dem Blut eines Tieres, dessen gesamten genetischen Bauplan. Dieser „Bauplan" liegt in den Chromosomen vor: x-förmig aufgefaltete Strukturen, die aus Desoxyribonukleinsäure, kurz DNS, bestehen.

Die DNS wiederum nutzt vier verschiedene Nukleinbasen, Adenin, Thymin, Cytosin und Guanin, um das Erbgut zu codieren. Alle unsere biologischen Eigenschaften, von unserer Haar- und Augenfarbe über unsere Verträglichkeit bestimmter Lebensmittel bis hin dazu, ob wir einmal ein erfolgreicher Leistungssportler, ein Sprachengenie oder ein Schachtalent werden können, sind in unserem Zellkern vollständig codiert. Und natürlich auch, ob wir als Mensch, als Schaf oder als Banane zur Welt kommen.

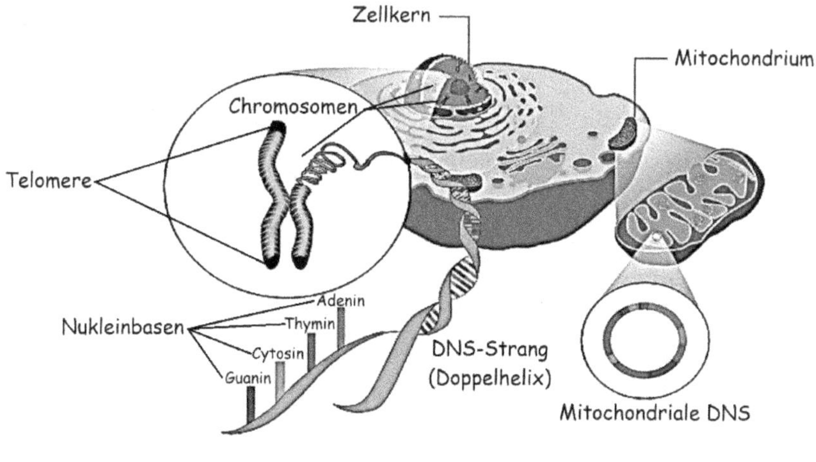

Wie funktioniert das Klonen?

Beim Klonen wird der aus einer Körperzelle entnommene Zellkern in eine Eizelle eingesetzt, der man zuvor den eigenen Zellkern entfernt hat. Dieses Prozedere nennt man auch Nukleartransfer. Ziel ist es, die Eizelle mit dieser Methode so „umzuprogrammieren“, dass sie nun das vollständige Erbgut des Spenders enthält. Mit einem elektrischen Impuls wird sie anschließend zur Teilung angeregt, ähnlich wie bei einer natürlichen Befruchtung.

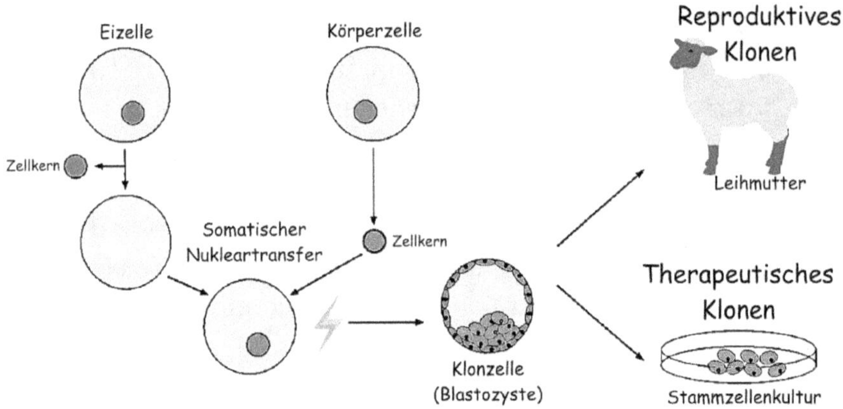

Diesen Prozess, bei dem man Körperzellenkerne in entkernte Eizellen einsetzt, nennt man auch somatisches Klonen. Mit etwas Glück beginnt die Zelle nun genau das zu tun, was Eizellen nach der Befruchtung machen: Sie teilt sich, und teilt sich, und teilt sich, und entwickelt sich so zu einem Embryo, der in eine Leihmutter eingesetzt und von ihr ausgetragen werden kann. Nach der normalen Tragezeit wird ein Tier geboren, das mit dem Spender genetisch vollkommen identisch ist. Eines der frühesten Beispiele ist das Schaf „Dolly“, das 1996 erfolgreich geklont wurde. Somit war das Klonen zu der Zeit, als Crichton seinen Jurassic Park schrieb und auch bevor der Kinofilm erstmals gezeigt wurde, tatsächlich noch Science-Fiction!

Der entscheidende Teil zur Wiedererschaffung von Tieren, nämlich das erfolgreiche Klonen eines komplexen Tieres, ist also seither bereits Wirklichkeit geworden. Und es ist inzwischen gewissermaßen eine wissenschaftliche Routine: Viele andere Tiere sind seit „Dolly" bereits ebenfalls geklont worden. Klonen ist inzwischen schon fast zu einer Routineprozedur geworden, um seltene Tierarten oder solche mit speziellen Fähigkeiten zu erhalten. In Südkorea wurden deshalb z. B. bereits geklonte Abkömmlinge besonders erfolgreicher Drogenspürhunde erschaffen, in der Hoffnung, dass sie die gleichen Erfolge wie ihr Genspender erzielen.

Natürliche Klone

Klone kommen allerdings auch ganz natürlich vor! Tatsächlich sind sie sogar bei manchen Lebewesen überhaupt keine Seltenheit. Wer z. B. schon einmal einen Ableger von einer Pflanze genommen hat, hat damit bereits einen natürlichen Klon erschaffen: Beide Pflanzen haben schließlich das identische Erbgut! Auch eineiige Zwillinge sind natürliche Klone, da sie aus einer gemeinsamen Eizelle entstanden sind und somit das identische Erbgut haben. Bei manchen Tierarten können Weibchen in Ermangelung eines Fortpflanzungspartners auch ohne sexuelle Befruchtung Nachwuchs zur Welt bringen, der dann allerdings nur ihr eigenes Erbgut enthält.

Auch diese sogenannte Parthenogenese, was sich auf Deutsch mit „Jungfrauengeburt" übersetzen lässt, ist nicht etwa ein biblisches Wunder, sondern ein ganz natürlicher Klonprozess. Für viele Fische, Amphibien und Reptilien ist es sogar eine bewährte Überlebensstrategie, besonders unter eingeschlechtlichen Bedingungen. Stehen diesen Tieren keine Fortpflanzungspartner zur Verfügung, können sie unter bestimmten Bedingungen trotzdem Nachkommen zeugen, die dann aber nur ihre eigenen Gene tragen. 2021 machte auch ein Weibchen eines kalifornischen Kondors von sich reden, als es ohne einen Partner durch Parthenogenese Nachwuchs bekam (vgl. Ryder et al. 2021). Bei Vögeln ist diese Form der Fortpflanzung zwar selten, aber auch u. a. bei Truthühnern bereits belegt.

Ähnliches gilt auch für Hermaphroditen, also Lebewesen, bei denen jedes Individuum sowohl über männliche als auch über weibliche Geschlechtsorgane verfügt. Z. B. können manche Schnecken sich in Ermangelung eines Fortpflanzungspartners auch selbst befruchten. Sie tun das allerdings nur selten. Genauso wie bei den Tieren, die zur Parthenogenese fähig sind, stellt diese Taktik nur eine Ausnahmestrategie dar und keine reguläre Form der Fortpflanzung, da sonst genetische Verarmung durch Inzucht drohen würde. Doch auch hier haben wir es, obwohl es sich durchaus um geschlechtlich erzeugten Nachwuchs handelt, wieder gewissermaßen mit natürlichen Klonen zu tun.

Die Schwierigkeiten beim Klonen

Die Erfolgsquote beim künstlich erfolgten, reproduktiven Klonen mithilfe von Hochtechnologie, Reagenzgläsern und Petrischalen ist jedoch nach wie vor gering, insbesondere bei Säugetieren. Epigenetische Phänomene wie das genomische Imprinting spielen vermutlich eine wichtige Rolle bei Entwicklungsstörungen, die bei Klon-Embryos häufig auftreten. Durch sie kann es zu Fehlern im Zusammenspiel zwischen Genotyp und Phänotyp kommen.

Der Genotyp ist die genetische Ausstattung eines Organismus, also seine Erbinformation, während der Phänotyp die sichtbaren Merkmale und Eigenschaften sind, die durch das Zusammenspiel von Genen und Umwelt entstehen. Bei allen Wirbeltieren liegt das Erbgut in doppelter Ausführung vor: Je ein Chromosomensatz stammt vom Vater, einer von der Mutter. Von jedem Gen gibt es also in der Regel zwei Varianten, sogenannte Allele. In vielen Fällen werden beide aktiv genutzt, was auch erklärt, warum wir unseren beiden Eltern zumindest ein bisschen ähnlichsehen. Bei manchen Genen wird im Körper aber auch nur ein Allel aktiv genutzt, während das andere stillgelegt ist, etwa durch Imprinting oder Dominanzverhältnisse. Ein bekanntes Beispiel ist das Igf2-Gen bei Mäusen, das nur vom väterlichen Erbgut abgelesen wird.

Wieso ist das nun ein Problem? Man kann sich das wie einen Softwarefehler auf dem Computer vorstellen: Beim natürlichen Entstehen eines Embryos wird das genetische Programm sozusagen neu installiert, mit korrekten Einstellungen und einer klaren Trennung der Funktionen, die von den doppelten Chromosomensätzen der Mutter oder des Vaters stammen. Beim Klonen dagegen wird ein bereits laufendes Programm kopiert und auf ein neues System übertragen, jedoch inklusive alter Einstellungen, Fehler oder beschädigter Konfigurationen. Manche „Dateien" (Gene!) sind dann plötzlich doppelt vorhanden, andere fehlen oder sind an der falschen Stelle. Besonders heikel ist das bei den sogenannten Imprinting-Genen, bei denen es darauf ankommt, ob sie von der Mutter oder vom Vater stammen. Wenn hier etwas durcheinandergerät, kann das zu Fehlfunktionen im gesamten „System" führen, mit fatalen Folgen für Entwicklung, Wachstum und Gesundheit des sich entwickelnden Embryos. Nur aus wenigen durch Nukleartransfer erzeugten Embryonen entwickeln sich überhaupt lebensfähige Klon-Embryonen. Die meisten Zellen beginnen sich aber gar nicht erst zu teilen oder sterben schon früh ab.

Gerontisierung

Ein weiteres Problem: Die Spenderzellen stammen beim somatischen Klonen ja immer von einem Tier, dessen Zellen bereits einen Teil ihrer natürlichen Lebenszeit hinter sich haben. Was ein interessanter, wenn auch leicht bedrückender Umstand ist: Unsere Lebenserwartung ist gewissermaßen auch in unseren Zellen mitprogrammiert, und somit auch, dass wir ab einer bestimmten Lebensspanne irgendwann altern und eines Tages sterben. Und das wirkt sich auch beim somatischen Klonen aus: An den Enden unserer Chromosomen befinden sich nämlich die sogenannten Telomere. Diese „Schutzkappen" werden bei jeder natürlichen Zellteilung ein Stück kürzer. Irgendwann sind sie so kurz, dass die Zelle sich nicht mehr korrekt teilen kann. Fehler beim „Abschreiben" des Erbguts treten nun auf, was der zentrale Punkt ist, weshalb wir irgendwann graue Haare und Falten kriegen und auch viele andere Alterswehwehchen zu spüren bekommen.

Wird also eine Zelle mit bereits verkürzten Telomeren zum Klonen verwendet, so „erbt" der Klon ein genetisches Alter, das höher ist als sein biologisches. Das geklonte Tier wird also bereits „alt" geboren! Bei den meisten Klonen ließ sich beobachten, dass sie früher alterten, schneller krank wurden und insgesamt eine geringere Lebenserwartung hatten. Dieses Phänomen nennt man Gerontisierung (vom griechischen *geron* = Greis). Auch Klonschaf „Dolly" erreichte statt der für Schafe normalen Lebenserwartung von etwa zwölf Jahren nur ein Alter von sieben Jahren, bevor sie an Altersschwäche starb.

Allerdings ist das nicht immer der Fall. In manchen Klonversuchen konnten sich die Telomere auch verlängern, je nachdem, wie gut die Reprogrammierung in der Eizelle funktioniert hat. Auch wenn der Klon selbst Nachwuchs hat, ist das Problem behoben: Seine Abkömmlinge haben bei der Geburt wieder normallange Telomere. Das zeigt, dass die Telomerverkürzung beim Klonen ein Risiko, aber kein unumgängliches Problem sein muss. Trotzdem bleibt sie ein wichtiger Grund dafür, warum das Klonen so fehleranfällig ist, und warum geklonte Tiere oft gesundheitliche Probleme zeigen.

Weitere Problematiken

Außerdem ist die Technik des Klonens nach wie vor sehr aufwendig und teuer. Bereits an dieser Stelle muss erwähnt werden, dass sie auch ethisch umstritten ist. Wie weit darf der Mensch in natürliche Prozesse der Reproduktion und Fortpflanzung eingreifen? Sollte er wirklich alles tun, wozu es die wissenschaftlichen Möglichkeiten gibt? Welche gesellschaftlichen Folgen kann diese Technologie haben? Gibt es Gefahren des Missbrauchs? Und besonders wenn es um das Klonen von Menschen geht (was mit der heutigen Technik bereits jetzt schon kein großes Problem mehr wäre!), stehen wir auch schnell vor gesellschaftsethischen Fragen. Denn die Technologie könnte uns hier Möglichkeiten zur Erschaffung des „perfekten" Menschen eröffnen, was wiederum zur Diskriminierung von „nicht reinen" Individuen führen könnte, wie der Film Gattaca (1997) eindrucksvoll zeigte.

Wenn wir uns nun aber über ausgestorbene Tiere und insbesondere die Möglichkeit eines echten Jurassic Parks unterhalten wollen, sollten uns all diese Problematiken stets im Hinterkopf bleiben. Wir müssen uns bewusst sein, dass schon das Klonen noch lebender Tiere sowohl viele technische Herausforderungen als auch ethische Fragen mit sich bringt!

Wenn wir z. B. von einem nur sehr langsam wachsenden Tier, wie etwa einem Mammut oder Wollnashorn, die somatischen Zellen eines bereits ausgewachsenen Tieres zum Klonen verwenden, könnte es sein, dass der Klon gar nicht erst erwachsen werden kann, sondern schon in seiner „Jugend“ an Altersschwäche stirbt. Oder, was sogar noch wahrscheinlicher ist, dass sich die mit uralter DNS befruchteten Klonzellen gar nicht erst teilen. Eventuell ist die Technik des Klonens sogar eine Sackgasse, wenn es um De-Extinktion geht, worauf ich später noch eingehen möchte.

Erfolgreiche Klonexperimente

Schauen wir aber zuerst darauf, wie weit die Technik des Klonens heute ist, und was sie zur De-Extinktion bereits beigetragen hat. Die allerersten Klonversuche begannen nämlich schon lange vor „Dolly“. Schon fast 40 Jahre zuvor gelang das Klonen bei einem Frosch (Gurdon, Elsdale & Fischberg 1958), später bei einem Karpfen (Tong et al. 1963) und bei einer Hausmaus (Chaĭlakhian et al. 1987). Bei letzterer verwendete man allerdings Embryonalzellen und nicht das Erbmaterial eines bereits erwachsenen Tieres. Hier war „Dolly“ tatsächlich doch das erste Säugetier, das aus einem Körperzellkern eines erwachsenen Individuums, also somatisch, geklont wurde. Seither sind bereits viele weitere Säugetiere erfolgreich geklont worden. Hier eine (um Vollständigkeit bemühte) Liste:

- **August 1997**: Hausrind „Uschi“
- **Oktober 1997**: Hausmaus „Cumilina“
- **Oktober 1999**: Rhesusaffe „Tetra“ (erster geklonter Primat!)
- **März 2000**: Schweine „Millie“, „Christa“, „Alexis“, „Carell“ und „Dotcom“
- **Januar 2001**: Gaur „Noah“ (nach 48 Stunden gestorben!)
- **März 2001**: Ziege „Mira“
- **November 2001**: Mufflon „Ombretta“
- **Dezember 2001**: Katze „CopyCat“

- **März 2003**: Kaninchen ohne Namen
- **April 2003**: Banteng ohne Namen
- **Mai 2003**: Maultier „Idaho Gem“
- **Mai 2003**: Pferd „Prometea“
- **Juli 2003**: Pyrenäensteinbock „Bucardo“ (erstes geklontes ausgestorbenes Tier; starb nach wenigen Minuten!)
- **September 2003**: Ratte „Ralph“
- **August 2003**: Afrikanische Wildkatze „Ditteaux“
- **Dezember 2003**: Weißwedelhirsch „Dewey“
- **April 2005**: Hund „Snuppy“
- **Oktober 2005**: Wölfe „Snuwolf“ und „Snuwolffy“
- **April 2009**: Dromedar „Injaz“
- **Juni 2011**: Kojoten ohne Namen
- **November 2017**: Javaneraffen „Zhong Zhong“ und „Hua Hua“
- **Dezember 2020**: Schwarzfußiltis „Elizabeth Ann“

Klonen und De-Extinktion

Unter all den geklonten Säugetieren gibt es drei Exemplare, die für die De-Extinktion besonders bemerkenswert sind:

Der Pyrenäensteinbock „Bucardo“ (vgl. Folch et al.) ist bis heute das einzige ausgestorbene Tier, das jemals geklont wurde. Das letzte Exemplar dieser Art (*Capra pyrenaica pyrenaica*), ein Weibchen namens „Celia“, starb im Jahr 2000. Drei Jahre später klonten Forscher aus einer ihrer konservierten Körperzellen einen kleinen Bock. „Bucardo“ starb allerdings nur wenige Minuten nach seiner Geburt. Damit war der Pyrenäensteinbock schon kurz nach seiner erfolgreichen De-Extinktion bereits wieder ausgestorben. Dieses Experiment – man darf mit Recht darüber streiten, es einen „Erfolg“ zu nennen – ist bislang aber tatsächlich immer noch der aktuelle Stand der Forschung und markiert den vordersten Punkt auf der Strecke, die wir auf dem Weg zu einem echten Jurassic Park noch zurücklegen müssen.

Aber es gibt noch zwei weitere bemerkenswerte Erfolge zur De-Extinktion, beide initiiert von der Non-Profit-Organisation Revive & Restore, die sich der Wiedererschaffung ausgestorbener Tiere bzw. ihrer genetischen Eigenschaften verschrieben hat.

Im August 2020 kam in Texas das von einem Hauspferd geborene Przewalski-Fohlen (*Equus przewalskii*) namens „Kurt“ zur Welt. Dies war das erste erfolgreiche Klonprojekt eines Tieres mit konservierten Zellen: Das genetische Material stammte von einem

Pferd, dessen Zellen schon 40 Jahre zuvor tiefgefroren worden waren. Dabei haben die Forscher in den Zellen des Przewalski-Fohlens sogar „ausgestorbene", also nicht mehr bei lebenden Tieren vorhandene Genvarianten wiederbelebt. Ein Hauch Jurassic Park ist hier durchaus spürbar!

Ähnliches auch beim Schwarzfußiltis (*Mustela nigripes*): Hier wurden ebenfalls „ausgestorbene" Genvarianten erfolgreich in bestehende Linien der extrem seltenen Art, die mehrmals bereits als ausgestorben galt, eingekreuzt. „Elizabeth Ann", das erste geklonte Exemplar, hat sich inzwischen sogar selbst wieder fortgepflanzt und damit die rekonstruierten Gene wieder in den Genpool der Art einfließen lassen. Die ausgestorbenen Gene sind hiermit also tatsächlich wieder stabil!

Diese drei sind bis heute die einzigen Tiere, in welchen tatsächlich ausgestorbene Gene weiterleben bzw. wenigstens für kurze Zeit gelebt haben. Wer sich jetzt aber überlegt, das Buch wegzulegen, weil es offensichtlich doch nicht aktuell ist und hier keine „Mammutmäuse", „tasmanischen Tiger" und „Direwölfe" erwähnt wurden: keine Angst, die kommen noch. Sie gehören hier aber nicht hin. Warum? Das werde ich später noch erläutern. Zuerst aber soll es noch mit etwas Basiswissen weitergehen, wie man De-Extinktion in die Praxis überführen kann, welche wissenschaftlichen Hürden ihr dabei (noch) entgegenstehen und wo die zurückgebrachten Tiere überhaupt leben könnten.

Kapitel 3:
Die großen Hürden der De-Extinktion

Viele Leute scheinen einen echten Jurassic Park, oder wenigstens einen Park mit wiedererschaffenen Eiszeit-Tieren, bloß noch für eine Frage der Zeit zu halten. Aus wissenschaftlicher Sicht bin ich für meinen Teil sehr skeptisch. Warum? Erkläre ich gleich. Trotzdem ein sehr wichtiger Punkt vorweg: Wissenschaftlich betrachtet ist nämlich fast alles möglich, auch wenn viele Techniken früher als unrealistisch galten. Meine Skepsis äußere ich hier also nicht mit Worten wie „unmöglich“ oder gar „Quatsch“ und „Unsinn“. Ich spreche lieber von „Wahrscheinlichkeiten“ und „Hürden“. In diesem Beitrag möchte ich diese Hürden einmal genauer vorstellen, um eine realistische Einschätzung abzugeben, inwieweit ein realer Jurassic- oder Eiszeit-Park wirklich zu realisieren wäre und wie weit wir heute wirklich davon entfernt sind, Urzeit-Tiere wieder zurückzubringen.

Erste Hürde: Fragmentierte Genome

Michael Crichtons Idee mit dem Mückenblut war ihrer Zeit ziemlich genial und einfallsreich, sodass mehrere Forscher seither daran gearbeitet haben, ob es möglich wäre, sie in der Praxis umzusetzen. Das ernüchternde Ergebnis: Leider nicht. Denn auch im Bernstein wird die DNS keineswegs konserviert, sondern unterliegt den gleichen Zerfallskriterien wie in anderen fossilen Umgebungen und verdirbt auch dort innerhalb kürzester Zeit. Meist ist sie schon nach wenigen Jahren so fragmentiert, dass man das Genom nicht mehr vollständig rekonstruieren kann.

Im Bernstein passiert das sogar noch schneller als bei der „herkömmlichen“ Fossilisation, schließlich hatte der Moskito bereits angefangen, die Blutzellen zu verdauen. Magensäure, wie auch Stechinsekten sie besitzen, ist für die DNS-Erhaltung nicht gerade förderlich. Auch Eiszeittiere, die erst wenige Jahrtausende lang ausgestorben sind, haben uns ihren Bauplan leider nicht in einer Weise hinterlassen, mit der wir direkt etwas anfangen könnten. Auch nicht im Permafrost!

Diesen Bauplan, das sogenannte Genom, brauchen wir aber. Wir können uns das Unterfangen, ein ausgestorbenes Tier genetisch zu analysieren und auf dieser Basis dann wiederzuerschaffen, wie den Bau eines Wolkenkratzers vorstellen. Dummerweise hat in unserem Fall der Bauplan, wohlgemerkt ein mehrseitiges Werk mit allen Details zur Statik, zur Elektrik, den Wasserleitungen, den Belüftungsschächten, Treppenhäusern und Fahrstühlen und allem, was zu einem Wolkenkratzer sonst noch mit dazugehört, für eine halbe Stunde in einem Pizzaofen gelegen. Der Bauleiter bekommt nun bloß ein Häufchen Asche und Papierschnipsel überreicht. Ein paar Informationen wird er darauf sicher noch herauslesen können, aber es reicht bei Weitem nicht aus, um daraus fehlerfrei das geplante Gebäude zu errichten. Selbst in ideal konservierten Fossilien sind die Erbgutreste nur bruchstückhaft erhalten. Die meisten Abschnitte fehlen komplett, andere sind beschädigt oder chemisch verändert. Ein vollständiger, und insbesondere lebensfähiger Organismus lässt sich daraus jedenfalls nicht rekonstruieren.

Zweite Hürde: Kontamination der Gene

Dazu kommt noch: Fossile DNS, besonders die in den vom Bernstein umschlossenen Insekten, ist oft nicht „rein", sondern stark verunreinigt. Man könnte überhaupt nicht mit Sicherheit sagen, welche Genabschnitte nun zum Dinosaurier gehören, und welche vielleicht aus den Verdauungsenzymen des Moskitos sind. Auch Mikroben, Pilze und sogar menschliche Hautzellen, nämlich von der Hand, die den Bernstein gefunden hat, können den viele Millionen Jahre alten DNS-Fund genetisch überlagern. Und nicht zuletzt ist ja auch das Baumharz der Fossilmatrix des Bernsteins organisch, sodass sich auch Spuren einer Pflanze im Gen-Cocktail finden ließen. Was unter dem Mikroskop wie echte Dinosaurier-DNS aussieht, entpuppt sich bei näherem Hinsehen oft als ein Flickenteppich aus verschiedenen Organismen. Ein echtes genetisches Profil eines Dinosauriers ist dann nicht mehr herauszufiltern.

Dritte Hürde: artübergreifendes Klonen

Damit ein geklonter Embryo heranwachsen kann, braucht es eine Leihmutter. Aber nicht irgendeine: Die Mutter muss derselben biologischen Art angehören oder ihr zumindest sehr nahestehen. Bereits bei lebenden Arten ist das schwierig. Das bekannteste Negativbeispiel ist „Motty" (vgl. Rees 2021), der bislang einzige bekannte Elefantenhybrid. Sein Vater war ein afrikanischer, seine Mutter ein asiatischer Elefant. „Motty" wurde 1978 im Zoo von

Chester geboren, und zwar ganz natürlich, nicht durch Klonen. Doch er starb nach nur zehn Tagen an einer Infektion.

Forscher vermuten, dass die genetische Distanz zwischen den beiden Elefantenarten bereits zu groß ist, als dass sie gesunde Nachkommen miteinander haben können. Das sollte für uns ein klarer Warnschuss sein: Wenn selbst bei lebenden Elefanten Hybridisierungen problematisch sind, wie soll das dann mit Eiszeit-Tieren funktionieren, die mit heutigen Säugern oft ebenfalls nur sehr entfernt verwandt sind? Von Dinosauriern ganz zu schweigen.

Die traurige Wahrheit: Hier gibt es überhaupt keine geeigneten Leihmütter mehr. Alle nah verwandten Arten der Nichtvogel-Dinosaurier sind längst ausgestorben. Und auch, wenn einem Memes und YouTube oft etwas anderes sagen: Jeder heutige Vogel ist mit einem *T. rex* zwar verwandt, aber leider nur so eng, wie wir Menschen es z. B. mit dem Schnabeltier sind. Ein Huhn wird deshalb nie, auch nicht mit den modernsten Technologien und Genmanipulationen, imstande sein, ein Ei zu legen, aus dem ein *Velociraptor* schlüpft. Das wäre nämlich genauso absurd wie die Vorstellung, dass ein Menschenbaby einmal aus dem Ei eines Schnabeltiers schlüpfen könnte.

Abgesehen davon könnte nicht einmal ein Strauß Eier von der Größe legen, dass sie einen *Tyrannosaurus*- oder *Brachiosaurus*-Embryo beherbergen könnten. Und letzten Endes ist es ebenfalls eine Tatsache, dass das Immunsystem der Vögel die manipulierte Eizelle sofort als Fremdkörper erkennen und sie abstoßen würde. Eventuell wird es eines Tages aber möglich sein, diese Hürde durch neue, technische Innovationen zu umgehen.

Vierte Hürde: Klonen von Eierlegern

Das aber wohl härteste (im buchstäblichen Sinne) Problem ist jedoch folgendes: Anders als Säugetiere kann man Tiere, die Eier mit einer festen Schale legen, überhaupt nicht klonen. Der klassische somatische Nukleartransfer funktioniert bei ihnen nicht, weil ihre Eizellen im Prozess der Reifung extrem empfindlich und kaum zugänglich sind. Sogar Michael Crichton war das bewusst: Er hat diesen Teil der sonst sehr ausführlich beschriebenen Erschaffung seiner Dinosaurier gekonnt ausgelassen.

Einen alternativen Ansatz gibt es bei den sogenannten „Klon-Hühnern": Statt den Zellkern zu übertragen, werden ihre Stammzellen genetisch verändert und bestimmte Gene eingefügt oder entfernt. Dann können diese in eine frisch befruchtete Hühnereizelle injiziert werden. Diese Gene sollen sich im wachsenden Embryo in die Keimbahn einschleichen, also in die Zellen, aus denen später Ei- oder Samenzellen entstehen. Das Ergebnis eines solchen Prozederes ist aber kein echter Klon, sondern wieder eine sogenannte Keimbahn-Chimäre: ein Tier, das genetisches Material von zwei verschiedenen Linien in sich trägt.

Angesichts dieser vier großen Hürden ist das, was der Wiedererschaffung eines ausgestorbenen Tieres sonst noch im Weg stehen könnte, beinahe schon zu vernachlässigen. Unerwähnt lassen möchte ich diese anderen Hürden aber trotzdem nicht. Selbst wenn die Forschung eines Tages tatsächlich ein Wunder vollbringt und ein ausgestorbenes Tier in unsere Welt zurückbringt, ist es nämlich keineswegs gesagt, dass dieses neue Tier in ihr zurechtkommen und überleben würde!

Fünfte Hürde: Immunsystem

Schon am Beispiel von „Motty" können wir sehen, dass jedes Tier ein gesundes Immunsystem braucht, um sich gegen die vielen Keime und Krankheitserreger zu verteidigen, denen es bereits direkt nach seiner Geburt ausgesetzt ist. Wir haben allerdings überhaupt keine Ahnung, wie das Immunsystem eines wiedererschaffenen Tieres auf die heutige Umwelt reagieren würde. Und das birgt Probleme!

Zwar entwickelt sich das Immunsystem eines Säugetieres auch über die Nabelschnur im Mutterleib. Ein Mammut-Baby würde von seiner Leihmutter also vielleicht schon mit den nötigen Antigenen ausgestattet werden, um in der heutigen Welt gegen einige der gefährlichsten Krankheitserreger zu bestehen. Für einen künstlich erschaffenen Dino ist das allerdings keineswegs zu erwarten, da er ja aus einem Ei schlüpft – ohne jemals Kontakt mit dem Immunsystem seiner Mutter gehabt zu haben. Der geklonte Dinosaurier, aber auch jedes andere zurückgebrachte Urzeit-Tier, könnte sich in unserer Welt vielleicht schnell mit einem Virus, einem Bakterium oder sonst einem Erreger infizieren, der sich erst lange nach seinem Aussterben entwickelt hat. Für den Klon würde so ein Erreger wahrscheinlich deutlich potenter wirken, und könnte ihn vielleicht schon kurz nach seinem ersten Atemzug umbringen.

Sechste Hürde: Mikroorganismen

Die unsichtbaren, aber allgegenwärtigen Mikroorganismen stellen noch einen Faktor dar, der den meisten von uns vielleicht gar nicht bewusst, aber essenziell für unser Überleben ist. Wir sind in unserem Körper nämlich nicht allein! Unsere Haut und alle unsere Schleimhäute, besonders die in unserem Verdauungsapparat, sind von zahlreichen verschiedenen Kulturen nützlicher Mikroorganismen besiedelt. Sogar obwohl wir sie nicht sehen können und auch nur selten (oder nie) an sie denken, sind wir ohne sie nicht lebensfähig. Mikroorganismen unterstützen uns bei der Immunabwehr. Sie helfen uns bei der Verdauung. Einige produzieren sogar lebenswichtige Nährstoffe!

Wenn man einen Dinosaurier klonen wollen würde, so müsste man auch wissen, was dieses Tier z. B. für eine Darmflora benötigt. Fakt ist jedoch: Die meisten Mikroorganismen der Dinosaurier dürften zusammen mit ihnen am Ende der Kreidezeit ausgestorben sein. Es kann natürlich sein, dass sich in einem Klon eine Flora aus heutigen Mikroorganismen entwickelt, die ihn auch für unsere Zeit kompatibel macht. Sicher ist das jedoch keineswegs! Und so könnte selbst bei der Überwindung der großen vorherigen Hürden die erfolgreiche Umsetzung eines Jurassic Parks ausgerechnet an winzig kleinen Bakterien scheitern.

Siebte Hürde: Ökologische Faktoren

Zu guter Letzt ist auch die Erde selbst ein wichtiger Faktor. Denn unser Planet ist einem stetigen Wandel unterlegen. Nicht nur das Klima, sondern auch die Zusammensetzung unserer Atmosphäre ändert sich ständig. Alle Tiere, die heute noch leben, haben sich im Laufe der Evolution an diese stetig wechselnden Lebensbedingungen angepasst. Die, die jedoch ausgestorben sind, konnten das sehr oft nicht! Genau die Gründe, die einst zu ihrem Aussterben überhaupt erst führten, bestehen heute noch fort. Es ist keine besonders schwere Rechnung, die man bewältigen muss, wenn man zu dem Schluss kommt, dass ein zurückgebrachtes Tier aus genau denselben Gründen bald schon wieder aussterben würde, aus denen es bereits einmal verschwunden ist.

Besonders wenn wir über Dinosaurier sprechen: Würde man ein Tier aus einer so fernen Epoche mit ganz anderen Bedingungen in unsere Zeit verfrachten, so würde ihm nicht nur ein gewaltiger Jetlag, sondern wahrscheinlich direkt der Tod drohen. In der Kreidezeit zum Beispiel lag der Sauerstoffgehalt in der Atmosphäre um beinahe ein Drittel höher als heute. Auch der CO_2-Gehalt war deutlich höher, sogar um ein Vierfaches.

Vor diesem Problem stand ich auch beim Schreiben meiner Romanreihe, nur eben umgekehrt!

Aus dem gleichen Grund leiden auch die Charaktere in meinem Buch *Die Weißen Steine* am Beginn ihres Abenteuers, in dem sie in diese Epoche entrückt werden, zunächst an Kopfschmerzen, Übelkeit, Tunnelblick, Ohrensausen und anderen Symptomen. Einige fallen wegen dieses sogenannten Paul-Bert-Effekts sogar direkt in Ohnmacht. Dieser Effekt ergibt sich aus einem zu hohen Sauerstoffanteil in der Atemluft. In meinem Buch erholen sich die Menschen von diesem abrupten Schock zwar, doch es ist keineswegs gesagt, dass dies auch in der Realität der Fall wäre.

Wenn das Atmungssystem eines Tieres nicht mit den veränderten atmosphärischen Werten zurechtkommt und sich nicht daran anpassen kann, so wird das Tier krank werden oder bald nach seiner Wiedererschaffung sterben. Gerade ein noch sehr junges Tier ist für so ein Problem noch deutlich anfälliger!

Alle diese Hürden gilt es zu bedenken, wenn wir uns mit De-Extinktion befassen. Die ersten vier Hürden stehen der Erschaffung der Tiere selbst entgegen und sind folglich (noch) die höchsten. Einige werden sich vielleicht tatsächlich eines Tages mit moderner Technologie überwinden lassen. Vor den anderen stehen wir aber erst dann, wenn das zuvor ausgestorbene Tier nicht mehr ausgestorben ist. Ob ein Tier, über dessen Bedürfnisse wir kaum etwas wissen, in unserer Welt überleben könnte, bleibt als Frage so lange offen, bis wir es tatsächlich lebend erforschen können. Und das macht diese Hürden nicht etwa kleiner. Im Gegenteil: Wir wissen schlichtweg noch überhaupt nicht, wie hoch sie eigentlich sind! Das wirft natürlich etliche ethische Fragen auf, denen wir uns noch ausführlich widmen werden. Im nächsten Kapitel wird es aber zunächst einmal darum gehen, ob ein ausgestorbenes Tier in unserer heutigen Welt vielleicht doch überleben könnte, und wenn ja, wo.

Kapitel 4: Wie weit ist die De-Extinktion wirklich?

Kommen wir zum wohl interessantesten Teil dieses Buches. Während die vorherigen Kapitel mehr oder weniger das Grundwissen gebildet haben, das zur De-Extinktion notwendig ist, sollen die folgenden den aktuellsten Stand der Forschung abbilden. Da das aber bei einer so schnelllebigen Wissenschaft Gefahr läuft, sehr schnell zu veralten, empfehle ich dringend, auch meine Website zu abonnieren. Dort werde ich die aktuellen Entwicklungen behandeln, die sich seit Herausgabe dieses Buches noch ergeben werden. So viel kann ich schon verraten: Es gibt bislang noch kein zurückgebrachtes Mammut und auch keinen „Mammufanten". Wenn es ihn aber doch eines Tages geben wird, erfährst du es bei mir zuerst. Versprochen!

Mit Blick auf das bisher Gelesene kann sich, wenn man realistisch bleibt, schon eine gewisse Ernüchterung einstellen. Trotz anderslautender, sensationell verpackter Meldungen in den Nachrichten stehen der De-Extinktion derzeit immer noch so viele Hürden entgegen, dass es aus wissenschaftlicher Sicht sogar schon wahrscheinlicher wäre und zumindest in der Theorie eher möglich erscheint, eine Zeitmaschine zu bauen und die ausgestorbenen Tiere direkt aus ihrem jeweiligen Zeitalter zu uns ins 21. Jahrhundert zu importieren, als einen Dinosaurier zu klonen! Und wir werden, so weit die Wahrscheinlichkeit, wohl eher Menschen sehen, die in einer Kolonie auf dem Mars oder einem der Jupitermonde leben, als wiedererschaffene Dinosaurier.

Fakt ist: An die tatsächliche Wiederbelebung eines ausgestorbenen Tieres durch Klone sollte heute eigentlich kein ernst zu nehmender Wissenschaftler mehr denken. Auch nicht, wenn es dabei um Mammuts oder tasmanische Tiger geht. Aber: An die anderen Wege (Genmanipulation, Rückzüchtung und Artenschutz) vielleicht schon! Tatsächlich ist hierbei die Forschung in vollem Gange und hat bereits viele interessante Ergebnisse geliefert, die man durchaus beachten sollte, selbst wenn sie ohne großen

Presserummel auskommen. Und deshalb möchte ich nun einen ernsthaften Blick darauf werfen, wie weit die Forschung heute bei der Überwindung der vier zuvor genannten Hürden bereits tatsächlich ist!

Rekonstruktion sehr alter DNS

In einer viel beachteten Studie von Schweitzer et al. (2005) gelang eine kleine Sensation: Auch wenn dies niemand zu dieser Zeit für möglich gehalten hätte, fanden die Forscher in einem aufgebrochenen Knochen eines *Tyrannosaurus* weiches, noch nicht mineralisiertes Gewebe! Die Versteinerungsprozesse hatten also noch nicht eingesetzt. Sogar einige Blutzellen waren in hervorragendem Zustand, trotz eines Alters von mehr als 66 Millionen Jahren. Aus diesem Grund zogen viele Kollegen den Fund in Zweifel. Inzwischen konnte aber bestätigt werden, dass hier tatsächlich Weichgewebe eines Dinosauriers entdeckt wurde, inklusive einiger DNS-Fragmente!

Green et al. (2008) ist es gelungen, das Genom des Neandertalers vollständig zu sequenzieren. Die genetischen Forschungen an alter Neandertaler-DNS konnten inzwischen eine enge Verwandtschaft zum Homo sapiens belegen, und sogar einen Genfluss zwischen beiden Spezies. Ein Teil der DNS von Menschen, die im Gebiet von Europa bis Zentralasien leben, stammt tatsächlich von Neandertalern. Für die Paläogenetik erhielt Svante Pääbo, der diese langjährig erforschte, als erster Urzeitforscher überhaupt im Jahr 2022 den Nobelpreis für Medizin.

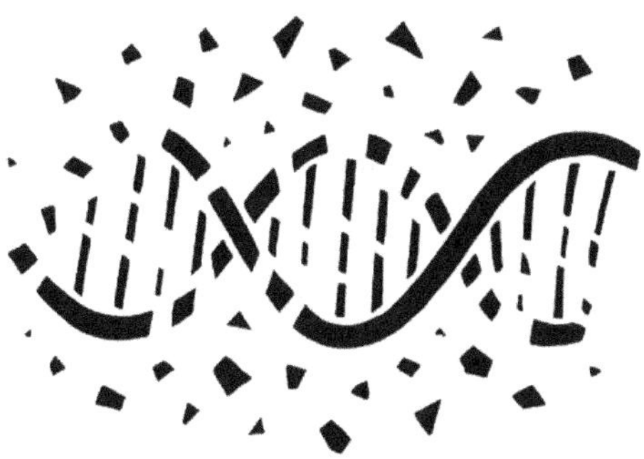

Miller et al. (2008) haben im selben Jahr auch das Genom des Mammuts vollständig sequenziert. Ihnen gelang es damit, das Erbgut eines ausgestorbenen Tieres erstmalig ganz zu entschlüsseln. Dieser Schritt wurde schon damals als großer Durchbruch auf dem Weg zu De-Extinktion gefeiert. Dennoch ist aufgrund vieler weiterer Hürden das Klonen eines Mammuts noch nicht in Angriff genommen worden. Seither konnten Forscher schon von einer Vielzahl ausgestorbener Organismen genetisches Material sicherstellen und auch von einigen die Genome entschlüsseln.

Eine aktuelle Liste mit ausgestorbenen Landwirbeltieren, von denen aktuell bereits genetisches Material vorliegt, findet sich in Kapitel 8!

Saitta et al. (2009) haben der Jagd nach alter DNS aber auch einen vorläufigen Dämpfer verpasst. Sie konnten nachweisen, dass das angebliche Weichgewebe bei einem weiteren *Tyrannosaurus* und auch bei einem *Triceratops* doch nicht von den Dinosauriern stammte, sondern von modernen Mikroorganismen. Auch das ist nicht unüblich, da sich auf Fossilien durchaus „Biofilme" mit Bakterien bilden können. Ob die DNS in solchen Funden wirklich die eines Dinosauriers ist, ist also nicht immer ganz klar. Die zweite Hürde, also die der Kontamination, hat hier also mit voller Härte zugeschlagen.

Dennoch: Schweitzer et al. (2013) haben noch weitere weiche Zellstrukturen in versteinerten Dinosaurierknochen von *Tyrannosaurus* und *Brachylophosaurus* untersucht, die in Form und Aufbau jungen Knochenzellen ähneln. Mithilfe immunologischer Tests und Massenspektrometrie konnten sie mehrere Eiweiße nachweisen, die auch in lebenden Knochenzellen vorkommen, darunter Aktin, Tubulin und Histon H4. Zusätzlich zeigten sich positive Reaktionen auf DNA-Farbstoffe und Antikörper, die sich gezielt an Erbmaterial binden. Die Verteilung dieser Reaktionen ähnelt der in heutigen Zellen. Die Studie liefert erstmals mehrere Hinweise darauf, dass in Dinosaurierfossilien Zellbestandteile wie Proteine und DNA-ähnliche Substanzen erhalten sein können, was als bedeutender Beitrag zur Zellbiologie ausgestorbener Tiere gewertet wurde.

Bailleul et al. (2020) haben ebenfalls DNS-Reste in besonders gut konservierten Fossilien von *Hypacrosaurus* nachgewiesen. Besondere Fossilisationsbedingungen erlauben in günstigen Fällen tatsächlich die Erhaltung von organischem Gewebe oder Molekülen, selbst nach vielen Millionen Jahren.

Zheng et al. (2021) analysierten in einer Arbeit zudem das hervorragend erhaltene Knorpelmaterial des kleinen frühkreidezeitlichen Theropoden *Caudipteryx* (STM4-3) aus der Jehol Gruppe im Nordosten Chinas. Dabei konnten sie die histochemischen Farbstoffe Hämatoxylin und Eosin, die den Kern und das Zytoplasma in den Zellen färbten, auf den entmineralisierten Knorpel von *Caudipteryx*, wie auch auf den eines Huhns auftragen. Beide Exemplare reagierten identisch, und die Dinosaurier-Chondrozyten zeigten nun einen Zellkern mit versteinerten Chromatinfäden.

Eine der bemerkenswertesten Studien zur Paläogenetik erschien erst kürzlich, im Jahr 2024. Hier gelang Zhao et al. ein wahrer Durchbruch: nämlich einen nicht unerheblichen Teil der DNS aus 120 Ma alten Fossilien des Fisches *Lycoptera* zu extrahieren. Durch die Anwendung der Mega-Screen-Methode konnten sie über 1,2 Millionen DNS-Sequenzen gewinnen, darunter 243 originale in situ DNS-Sequenzen! Diese Ergebnisse zeigen das Potenzial moderner Techniken zur Gewinnung und Analyse sehr alter DNS, und man darf zu Recht darauf hoffen, auch von anderen Tieren des Mesozoikums irgendwann bessere DNS-Profile rekonstruieren zu können.

Auch bei der Genmanipulation wurden große Fortschritte erzielt. Mit Techniken wie dem Multiplex Automated Genome Engineering (MAGE) lassen sich gleichzeitig zahlreiche gezielte Punktmutationen erzeugen, indem synthetische DNS-Abschnitte in das Genom eingebaut werden. (Vgl. Wang et al. 2009). Die präzise Integration längerer Genstücke bleibt jedoch weiterhin eine Herausforderung.

Eine noch größere Präzision bei der gezielten Veränderung des Erbguts ermöglicht das CRISPR/Cas-System. Diese Methode nutzt ein Enzym, meist Cas9, das von einer kurzen RNS-Sequenz zu einer exakt bestimmten Stelle im Genom geführt wird. Dort kann die DNS gezielt geschnitten werden. Die Zelle repariert den Schnitt anschließend entweder durch das fehleranfällige Non-Homologous End Joining (NHEJ) oder, wenn eine passende Vorlage bereitgestellt wird, durch Homology Directed Repair (HDR). Dadurch lassen sich gezielt einzelne Basenpaare verändern, ganze Gene ausschalten oder neue Abschnitte in das Erbgut einfügen. (Vgl. Jinek et al. 2012).

Anders als beim MAGE, bei dem viele kleine Mutationen auf einmal erzeugt werden, erlaubt CRISPR/Cas eine punktgenaue Bearbeitung einzelner Stellen. Auch das gezielte Einfügen längerer Genabschnitte ist mit dieser Methode prinzipiell möglich, wobei die Effizienz je nach Organismus und Zelltyp variieren kann. CRISPR/Cas hat die Gentechnik grundlegend verändert, da es schneller, präziser und vielseitiger einsetzbar ist als frühere Verfahren.

Auch wenn uns von den meisten ausgestorbenen Tieren nur Genfragmente oder einzelne Gensequenzen zur Verfügung stehen, sind die Arbeiten darüber trotzdem alles spannende Entdeckungen und können durchaus als Erfolge auf dem Weg zur De-Extinktion betrachtet werden, wie auch die markanten Fortschritte in Techniken zur Genmanipulation. Ob diese tatsächlich einmal zur Wiedererschaffung eines ausgestorbenen Tieres führen werden, sei einmal dahingestellt: Immerhin können uns die Genfragmente schließlich gewisse Einblicke in das Leben der Urzeit-Tiere ermöglichen. Und selbst wenn wir durch sie wohl niemals ein echtes

Dino-Genom rekonstruieren können, könnten sie uns vielleicht eines Tages verraten, wo wir bei Vogel-DNS die Genschere ansetzen müssen, um ein Tier, das einem Dino zumindest ähnelt, erschaffen zu können! Von einigen noch nicht lange ausgestorbenen Tieren haben wir tatsächlich auch schon das vollständige Erbgut. Doch trotzdem konnte der Weg, dieses auch in eine lebensfähige Embryonalzelle (vollständig) zu transferieren, bislang nicht beschritten werden.

Die künstliche Gebärmutter

Eine künstliche Gebärmutter könnte sowohl eine Lösung für technische Hürden, besonders aber auch für ethische Fragen zur De-Extinktion bieten. Schließlich lässt sich damit das Risiko für noch lebende Tiere umgehen, die wir sonst als Leihmütter heranziehen müssten. In einer künstlichen Gebärmutter könnte der Fötus eines ausgestorbenen Säugetiers unter ständiger Beobachtung der Forscher, bis zu seiner „Geburt" heranwachsen. Und tatsächlich gibt es auf diesem Weg bereits einige Fortschritte!

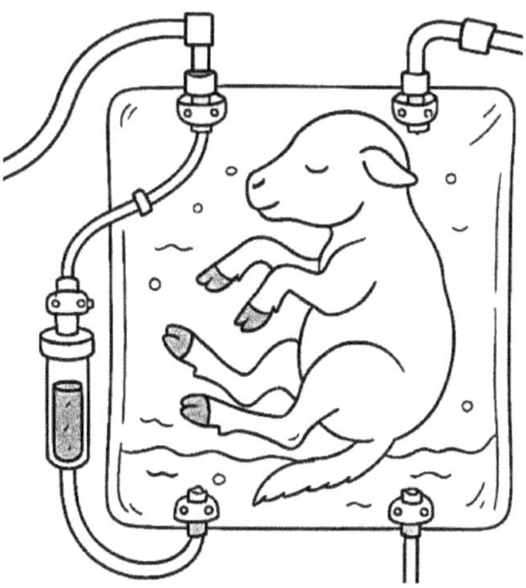

Partridge et al. (2017) vom Children's Hospital of Philadelphia ist es erstmalig gelungen, ein funktionierendes System zur künstlichen Entwicklung von Frühgeborenen außerhalb des Körpers zu entwickeln. Mithilfe eines Plastikbeutels voll künstlichem Fruchtwasser, einer künstlichen Plazenta und einer Nabelschnurverbindung konnten Lämmerföten mehrere Wochen lang lebensfähig weiterentwickelt werden.

Ein europäisches Forschungskonsortium unter Leitung der TU Eindhoven arbeitet ebenfalls an einer künstlichen Gebärmutter, die Frühgeborene außerhalb des Körpers der Mutter am Leben erhalten soll. Das Perinatal Life Support System wird mit hochentwickelten Simulationen, medizinischem Know-how und mathematischen Modellen entwickelt. Ziel ist eine klinisch einsetzbare Lösung für die sogenannte externe Schwangerschaft.

Auch am israelischen Weizmann Institute of Science ist man neuen Methoden auf der Spur. Aguilera-Castrejon et al. haben dort ein neues Kultursystem entwickelt, das es ermöglicht, Mäuseembryonen ab dem Stadium vor der Gastrulation bis zur Ausbildung der Hinterbeine vollständig ex utero, also außerhalb der Gebärmutter, wachsen zu lassen.

Letztlich arbeitet auch Colossal in Zusammenarbeit mit der University of Melbourne an einem Prototyp einer künstlichen Gebärmutter für Beuteltiere. Dies könnte die Notwendigkeit von Leihmüttern bei der De-Extinktion von Beuteltieren eliminieren. Auch zur Wiedererschaffung des Mammuts und zur Rettung von vom Aussterben bedrohten Nashörnern sind ähnliche Projekte geplant.

Eine vollständige Schwangerschaft im Biotank ist selbst nach Aussagen der beteiligten Wissenschaftler aber noch Zukunftsmusik. Derzeit ist das Verfahren vor allem für die Versorgung extrem frühgeborener Menschen gedacht. Ob also jemals auch der Fötus eines ausgestorbenen Tieres in so einem Verfahren heranreifen kann, steht bislang noch in den Sternen, zumal auch die Einleitung einer künstlichen Geburt eine weitere Hürde darstellt. Bislang ist sie noch nicht überwunden!

Das künstliche Ei

Für alle ausgestorbenen Tiere, die aus Eiern mit einer festen Schale geschlüpft sind, könnte der Weg zu ihrer Wiedererschaffung in der Entwicklung eines künstlichen Eies liegen. Auch zu so einer technologischen Entwicklung, die der De-Extinktion von Dinosauriern, aber auch allen erst kürzlich ausgestorbenen Vögeln voranstehen muss, gibt es bereits erste Ergebnisse.

Huang, Arai & Kawahara (2015) entwickelten erstmalig eine künstliche Eierschale mit funktionalisierter Oberfläche, die es ermöglicht, Hühnerembryonen außerhalb ihrer natürlichen Umgebung zu kultivieren. Die transparente Struktur erlaubt vor allem die Beobachtung der Embryonalentwicklung und bietet Zugang für Manipulationen, was sie zu einem wertvollen Werkzeug für die biomedizinische Forschung macht, besonders mit Blick auf die De-Extinktion von Eierlegern.

In einer weiteren Studie verwendeten Huang et al. (2017) ein künstliches, würfelförmiges Eierschalensystem, um die Bildung von Blutgefäßen auf der Chorioallantoismembran (CAM) von Hühnerembryonen gezielt zu steuern. Dies bietet eine Plattform für die Untersuchung von Angiogenese und Gewebeengineering. Obwohl diese Egg-in-Cube-Systeme bedeutende Fortschritte in der Kultivierung und Beobachtung von Vogelembryonen darstellen, sind sie derzeit aber noch nicht in der Lage, die gesamte Entwicklung bis zum Schlüpfen des Kükens zu unterstützen.

Ein Team um Woodcock et al. (2017) hat am Roslin Institute in Schottland eine Methode entwickelt, bei der chimäre Vögel mit den Keimdrüsen ausgestorbener Arten erzeugt werden. Diese Vögel könnten dann Eier legen, die die genetische Information der ausgestorbenen Art enthalten. Ein Beispiel ist eine chimäre Ente, die erfolgreich Hühnerspermien produzierte und tatsächlich ein Küken zeugte.

Möglicherweise kann diese Technik eines Tages zur Erschaffung eines Vogels mit dem Erbgut ausgestorbener Tiere dienlich sein, wie etwa beim Dodo (*Raphus cucullatus*) oder dem Riesenalk (*Pinguinus impennis*). Wir wären hier aber wieder bei Chimären: also Mischwesen, die, wenn überhaupt, nur zu einem gewissen Teil Gene ausgestorbener Tiere tragen könnten.

Bislang gibt es also nach wie vor keine etablierte Methode, mit der ein künstliches Ei im biologischen Sinne erfolgreich zur Klonierung eierlegender Tiere genutzt wurde, und auch noch lange keine prähistorischen Keimbahnchimären. Die Forschung steckt hier noch in den Kinderschuhen. Es gibt zwar einige Ansätze und experimentelle Entwicklungen, die in diese Richtung führen, aber sie sind noch weit davon entfernt, praktisch umgesetzt zu werden. Dass Colossal und vielleicht auch andere kommerzielle De-Extinktionsprogramme diese Wege einschlagen werden, ist zwar schon jetzt voraussehbar. Ob sie damit aber eines Tages wirklich Erfolg haben werden, darf mit Recht bezweifelt werden.

Kapitel 5: Die Direwölfe von Colossal – Der Anfang einer neuen Ära?

Wenn es ums große Thema De-Extinktion geht, müssen wir vor allem über die Firma sprechen, die den Anlass gab, dieses schöne Buch überhaupt zu schreiben. Colossal Biosciences ist ein US-amerikanisches Biotech-Unternehmen, das 2021 gegründet wurde. Sein Ziel ist es, mithilfe moderner Technologien zur Genomeditierung neuartige Lebewesen zu erschaffen, die genotypisch und phänotypisch ausgestorbenen Tieren möglichst ähnlich sind. Dazu sollen DNS-Sequenzen ausgestorbener Arten mit denen nah verwandter, heute lebender Arten kombiniert werden. Also sprechen wir auch hier wieder von Chimären. Trotzdem: Auch das wäre per Definition ja durchaus De-Extinktion! Hat Colossal dabei aber wirklich bereits die Durchbrüche erreicht, die es vorgibt, erreicht zu haben?

Insgesamt verfolgt Colossal ambitionierte, stark medienwirksame wie auch kontroverse Ziele, die irgendwo zwischen visionärer Zukunftsforschung und Biotechnologie-Marketing angesiedelt sind. Es wurde angekündigt, bis 2027 ein Wollhaarmammut (*Mammuthus primigenius*) zurückzubringen. Dabei soll das Erbgut von heutigen Elefanten mit den Genen von ausgestorbenen Mammuts modifiziert werden. So erhofft man sich die Erschaffung felltragender Elefanten, die dem sibirischen Klima gewachsen sind. Weitere Projekte: der Beutelwolf (*Thylacinus cynocephalus*) und der Dodo (*Raphus cucullatus*).

Romulus, Remus & Khaleesi

Anfang April 2025 kam dann die Sensation: Die TIMES und der New Yorker haben die erfolgreiche Wiedererschaffung des Direwolfs (*Aenocyon dirus*), eines riesigen Caniden (Hundeverwandten) aus Nordamerika, der bereits vor etwa 10.000 Jahren nach Ende der letzten Kaltzeit ausgestorben ist, bekannt gegeben.

Die weltweiten Schlagzeilen, die darauf folgten, haben Paläo-Fans weltweit Gänsehaut beschert. Einigen aus euphorischster Freude, anderen eher aus ethischen Bedenken, oder auch aus nüchterner Skepsis. Die beiden Rüden mit den Namen „Romulus" und „Remus", benannt nach den mythologischen Gründern Roms, die von einer Wölfin gesäugt wurden, wurden nach Angaben von Colossal bereits im Oktober 2024 geboren. Das Weibchen „Khaleesi" folgte im Januar 2025. Ihr Name stammt aus der Buchreihe Das Lied von Eis und Feuer (Game of Thrones) von G. R. R. Martin, wo Direwölfe (in der deutschen Übersetzung auch „Schattenwölfe" genannt) eine zentrale Rolle spielen.

Alle drei Wölfe wurden durch Nutzung der Genschere CRISPR/CAS9, die am Erbgut moderner Grauwölfe (*Canis lupus*) zum Einsatz kam, erschaffen: An 14 Genen moderner Wölfe seien insgesamt 20 Veränderungen vorgenommen worden, damit die Welpen eindeutige Merkmale von Direwölfen hervorbringen. Sie sollen größer und kräftiger sein, und auch das weiße, flauschige Fell sei Ergebnis dieser Genmanipulation. Bei den Veränderungen hat man sich angeblich an der Genanalyse zweier fossiler Direwolf-

Exemplare orientiert, die vor bis zu 70.000 Jahren gestorben seien. Hier kam also keine originale Direwolf-DNS direkt zum Einsatz, allerdings sollen die veränderten Genabschnitte dem tatsächlichen Direwolf-Erbgut sehr ähnlich sein.

Colossals Rechtfertigungen

Die Firma argumentiert, dass die Wiederherstellung solcher Tiere nicht nur spektakulär, sondern auch ökologisch sinnvoll sei, etwa um empfindliche Ökosysteme zu stabilisieren oder um die vom Menschen gestörte Biodiversität wiederherzustellen. Kritiker bezweifeln jedoch, ob dies technisch, ethisch oder ökologisch überhaupt umsetzbar ist, und haben gerade aufgrund der Direwolf-Schlagzeilen dem Unternehmen Übertreibung vorgeworfen und ihm seine Authentizität abgesprochen. Viele bezeichneten diese Meldung sogar unverblümt als Fake News. Colossals Chefwissenschaftlerin Beth Shapiro reagierte auf diese Vorwürfe kurz darauf mit einem Statement:

Sprechen wir über das Direwolf-Projekt. Manche sind darüber ziemlich verärgert, und ich möchte ein paar Dinge klarstellen. Zunächst einmal gibt es einige berechtigte Einwände, die ich anerkennen möchte. Zum Beispiel: Können wir dieses Tier wirklich einen „Direwolf" nennen, wenn es genetisch nicht zu 100 % mit dem ursprünglichen Direwolf identisch ist? Diese Frage wirft interessante Überlegungen darüber auf, wie eine Art eigentlich definiert wird. In der Biologie kursieren derzeit etwa 30 verschiedene Artdefinitionen. Nach manchen Definitionen würden unsere Tiere als Direwolf gelten, nach anderen nicht.

Hier bekommt Shapiro aus wissenschaftlicher Sicht keinen Punkt. Es gibt zwar in der Tat mehrere Definitionen des Artbegriffs, aber in keiner der vielen Definitionen reicht ein so winziger Anteil an genetischer Übereinstimmung aus, um eine Artzugehörigkeit zu rechtfertigen. 14 Gene mit nur 20 Veränderungen der Sequenzfolge sind wirklich nicht viel, da ein Wolf etwa 19.000 Gene hat. Tatsächlich hat man also allerhöchstens nur 0,074 % der Gene verändert. Das ist zwar durchaus eine bemerkenswerte wissenschaftliche Leistung, die es als solche zu würdigen gilt, aber am biologischen Artbegriff rüttelt sie nicht!

Es wurde auch angemerkt, dass Grauwölfe nicht die nächsten lebenden Verwandten der Direwolfs seien. Tatsächlich wurde 2021 eine wissenschaftliche Arbeit veröffentlicht – ich war Mitautorin –, in der wir erklärten, dass wir nicht eindeutig feststellen konnten, an welcher Stelle in der evolutionären Stammesgeschichte der Hunde der Direwolf einzuordnen ist. In der heute eingereichten neuen Arbeit, an der viele der gleichen Autoren beteiligt waren, zeigen wir, dass die Linie der Direwolf ursprünglich durch ein Hybridisierungsereignis zwischen zwei inzwischen ausgestorbenen Caniden-Linien entstanden ist. Das war übrigens einer der Gründe, warum wir das Rätsel vorher nicht lösen konnten. Jetzt, da wir mehr Daten haben, erkennen wir, dass es auf dem Weg zu dem Direwolf der Eiszeit eine Tonne von Kreuzungen mit der Linie gab, aus der später die Grauwölfe hervorgingen. Wir können nun mit Sicherheit sagen: Der Direwolf ist enger mit dem Grauwolf verwandt als mit Schakalen. […]

Diese Behauptung wird nicht durch moderne kladistische Analysen unterstützt. Und jetzt kommt's: Das wird sie noch nicht einmal durch das eigene Paper von Colossal, das kurz nach dem Statement veröffentlicht wurde! Es gab eben keine „Tonne" von genetischer Durchmischung mit Grauwölfen, denn seit mindestens 4,5 Millionen Jahren gehen *Canis lupus* und *Aenocyon dirus* bereits getrennte Wege. Und so ist die genetische Übereinstimmung der beiden Gattungen weit geringer! Sie dürfte eher bei 97 bis 98 % liegen. Das klingt immer noch nicht viel, ist aber ein ähnlicher Wert wie z. B. bei der Übereinstimmung von Mensch und Gorilla. Tatsächlich sind Kojoten und Schakale mit dem Wolf deutlich näher verwandt als der Direwolf. Das macht es sehr unwahrscheinlich, dass wir jemals einen „echten" Direwolf mit einem überwiegenden Teil an Direwolf-Genen sehen werden, der von einer normalen Wölfin geboren wurde.

Es geht darum, etwas Kraftvolles und Präzises angesichts der aktuellen Aussterbekrise zu tun. Letztlich kann man diese Tiere als Grauwölfe mit 20 gezielten genetischen Veränderungen bezeichnen, die die Merkmale der Direwölfe widerspiegeln: größere Körpergröße, breiterer Schädel, stärkere Schultern und ausgeprägtere Beinmuskulatur sowie ein helles, dichtes und kompaktes Fell. Und ja: Das helle Fell ist etwas, das wir tatsächlich in der alten DNS unserer beiden Direwölfe gefunden haben. Beide wiesen Varianten in drei Pigmentierungsgenen auf, die auf ein helles Fell hindeuten, obwohl die beiden Tiere rund 60.000 Jahre zeitlich voneinander getrennt lebten.

Auch die Behauptung, man hätte ein Tier mit größtmöglicher Ähnlichkeit zum Direwolf erschaffen, ist nicht zu halten. Colossals Wölfe ähneln dem echten Direwolf nämlich nicht ein Stück. Für die angeblich helle Fellfarbe gibt es überhaupt keine Referenz, noch nicht einmal in Colossals eigener Studie wird sie erwähnt. Dass die Forscher an den Genen ablesen konnten, dass der echte Direwolf tatsächlich ein helles Fell gehabt hätte, wäre eine wirklich tolle Entdeckung gewesen. Aber wieso wird diese dann nicht offiziell publiziert? So bleibt auch das nur als leere Behauptung stehen.

Am Ende des Tages sind wir eine Spezies-Präservationsfirma. So haben wir unsere Firma und unsere Mission immer beschrieben. Auf der praktischen Seite hat diese Arbeit große Bedeutung für die Direwolf-Präservation, und auch für die genetische Rettung der Rotwölfe.

Auch diese Aussage ist geradezu skandalös. Ebenfalls im April 2024 verkündete Colossal medienwirksam, vier vom Aussterben bedrohte Rotwölfe (*Canis rufus*) geklont zu haben. Doch das offiziell für den Erhalt dieser bedrohten Tierart zuständige Red Wolf Recovery Program widersprach dieser Darstellung umgehend. Auch die Association of Zoos and Aquariums (AZA) stellte klar, dass weder sie noch die offiziellen Zuchtprogramme in das Projekt eingebunden wurden. Und der Hammer: Die geklonten Tiere stammen nicht einmal von echten Rotwölfen ab!

Laut Colossals eigener wissenschaftlicher Beraterin Bridgett von Holdt handelte es sich bei den verwendeten Proben um sogenannte „Golfküsten-Caniden". Damit ist aber in der Regel eine bestimmte Population von Kojoten aus Texas und Louisiana gemeint, die in sehr geringem Maße genetisches Erbe der Rotwölfe tragen. Offiziell gelten diese Tiere jedoch weiterhin als Kojoten, nicht als Rotwölfe. Die Behauptung, es handele sich um eine Wiedererschaffung des Rotwolfs, ist somit wissenschaftlich genauso fragwürdig wie die Wiedererschaffung des Direwolfs und wurde von führenden Experten ebenfalls als irreführend kritisiert.

Wir glauben, dass wir durch De-Extinktionsforschung auch lebende Spezies besser beschützen können. Eine der Innovationen, die im Rahmen des Mammutprojekts ausgeführt wurden, war die Entwicklung eines Vakzins für EEHV, die größte Todesursache für neugeborene asiatische Elefanten in Gefangenschaft. Bei der Erforschung des Beutelwolfs konnten wir die Gene eines gefährdeten nördlichen Beutelmarders editieren, um sie gegen Giftstoffe zu immunisieren. Das gleiche gilt für alle De-Extinktionsprojekte, die wir voranbringen.

Colossal verweist immer gern auf seine Beteiligung an der Entwicklung eines Impfstoffs gegen das bei Elefanten tödliche EEHV-Virus. Der Erfolg geht jedoch maßgeblich auf die Arbeit von Paul Ling am Baylor College of Medicine zurück. Colossals Beitrag bestand nach eigenen Angaben vor allem in der Finanzierung und „genetischen Beratung". Ob jedoch tatsächlich Erkenntnisse aus der Mammut-De-Extinktion einflossen, bleibt unklar. In den wissenschaftlichen Publikationen zum Impfstoff wird Colossal jedenfalls nicht als forschende Institution aufgeführt. Es scheint also hier vor allem um Imagepflege gegangen zu sein.

Und selbst wenn es wirklich Durchbrüche bei Impfstoffen und Giftimmunisierungen gegeben haben sollte, so wischen diese die vielen ethischen Bedenken nicht hinweg! Zumal man die gleichen, und sogar wahrscheinlich deutlich bessere Ergebnisse auch hätte erzielen können, wenn man das viele Geld direkt in Impfstoffforschung investiert hätte.

Man kann vielen der großen wissenschaftlichen Entdeckungen der Menschheitsgeschichte ähnliche Fragen stellen: Warum sind wir zum Mond geflogen? Weil man auf dem Weg dorthin den Computer erfunden hat. Warum studieren wir Schimmelpilze? Um dabei Penicillin zu entdecken. Das ist das, was uns voranbringt. Und deshalb glauben wir, dass die De-Extinktion-Wissenschaft so wichtig ist.

Auch bei dieser abschließenden Scheinargumentation sträuben sich einem die Haare. Computer und Penicillin wurden schließlich nicht etwa zufällig nebenbei entdeckt. Man hat den Computer erfunden, um zum Mond zu fliegen, und man hat Schimmelpilze erforscht, um die antibakterielle Wirkung zu testen. Shapiro kehrt hier also Ursachen und Wirkungen um, was eine bewährte Technik in Pseudoargumentationen ist. Außerdem ist es scheinheilig: Colossal betreibt seine Forschungen ja eben nicht, um Impfstoffe zu entwickeln. Das wird nur nachträglich gern behauptet, um das Projekt zu legitimieren.

Sind das wirklich Direwölfe?

Kehren wir aber zum Direwolf zurück: Selbst wenn der genetische Unterschied zwischen *Aenocyon dirus* und *Canis lupus* wie Colossal behauptet nur minimal wäre und bloß 99,5 % betrüge (was nicht der Fall ist!), wäre nach einer Erhöhung um nur 0,074 % das Tier immer noch weit mehr ein Grauwolf als ein Direwolf. Zum Vergleich: Alle Autos sind ja schließlich auch zu einem sehr hohen Anteil im Grunde baugleich. Trotzdem gibt es entscheidende Unterschiede zwischen den Marken. Wenn ich mir nun eine abgefallene Radkappe von einem Porsche in meinen Fiat Panda lege, wird der Panda dadurch noch lange nicht zum Porsche.

Auch in anderen Projekten stellte sich im Nachhinein heraus, dass Colossal bei der medialen Darstellung extrem übertrieben hat. Nur einen Monat vorher hat Colossal die Erschaffung von „Mammutmäusen" bekannt gegeben. Dabei haben sie impliziert, dass den Mäuse-Embryonen Mammut-Gene mitgegeben wurden, damit sie ein fluffiges Fell entwickeln. Auch hier kam aber lediglich die Genschere an der Maus-DNS zum Einsatz.

Die wahrscheinlicheren Motive von Colossal

Letzten Endes bleibt unklar, wie viel Direwolf wirklich in den drei Welpen steckt. Viel dürfte es jedenfalls nicht sein. Colossal muss aber jetzt unbedingt Erfolge präsentieren, insbesondere in den wirtschaftlich turbulenten Zeiten. Die Firma finanziert sich vor allem über Investorenprogramme. Viele Berühmtheiten, darunter Regisseur Peter Jackson, Hotelerbin Paris Hilton, Autor George R. R. Martin und Schauspieler wie Leonardo DiCaprio, Chris

Hemsworth, Kit Harrington und Sophie Turner, zählen zu den Unterstützern. Und die Investoren wollen natürlich Ergebnisse sehen, insbesondere wegen der großspurigen Ankündigungen. Colossal arbeitet auch eng mit Big Tech und VC-Investoren zusammen. Peter Thiel ist z. B. mit an Bord, der ein nachweisliches Interesse an Transhumanismus und Unsterblichkeitsforschung hat.

Dennoch sind den Forschern von Colossal durchaus einige beachtliche Innovationen gelungen. So haben sie gentechnische Methoden so optimiert, dass damit zahlreiche Gene auf einmal geändert werden können, bei Wölfen wie bei Mäusen. Offenbar traten dabei auch keine unerwünschten Mutationen und Komplikationen auf, die vorher immer ein Problem darstellten. Die so erschaffenen Tiere scheinen auch alle bei bester Gesundheit zu sein. Im Bereich der CRISPR/CAS9-Nutzung kann man Colossal ebenfalls nicht vorwerfen, damit bloß Schabernack zu treiben, sondern wirklich ernst zu nehmende Wissenschaft. Und wenn die Arbeit an künstlichen Gebärmuttern wirklich erfolgreich verlaufen ist, dann hat Colossal auch hier tatsächlich elementare Durchbrüche erzielt, die auch von den kritischsten Stimmen anerkannt werden müssen.

Leider wird all diese bemerkenswerte Arbeit medial aber zu sehr und über die eigentlichen Erfolge hinaus aufgebauscht und zu oft in populistischer Manier in einen völlig falschen Kontext gestellt. Und das führt mich persönlich zu der Einschätzung, dass es Colossal leider mehr um Aufmerksamkeit und vor allem Investorengelder geht, als darum, die De-Extinktion ernsthaft voranzubringen. Man sollte jedenfalls alle zukünftigen Meldungen, die von Colossal noch kommen werden, kritisch betrachten. Besonders dann, wenn sie wieder mal einen sensationellen Durchbruch feiern möchten.

Kapitel 6: Aktuelle De-Extinktions-Programme

Werfen wir nun einen Blick auf alle Programme zur De-Extinktion ausgestorbener Tiere, die derzeit laufen. Viele davon bestehen schon seit längerer Zeit und brachten bereits Innovationen voran, lange bevor Colossal Biosciences gegründet wurde. Das erste geklonte ausgestorbene Tier, Bucardo, kam ja bereits 2000 auf die Welt. Und auch wenn es nicht lange lebte, gibt es Ideen zur De-Extinktion somit schon seit über einem Vierteljahrhundert. Was sich seitdem getan hat und in der Welt der Forschung heute noch tut, möchte ich hier ausführlich beleuchten.

Wollhaar-Mammut

Fangen wir dazu mit einem der prominentesten Beispiele an, denn wenn es nicht um Dinosaurier geht, dann geht es meist ums Wollhaarmammut (*Mammuthus primigenius*)! Die Idee, es in unsere Welt zurückzubringen, ist nicht neu. Sie beschäftigt die Medien bereits seit den 1990er Jahren, spätestens seit Jurassic Park ins Kino kam und an der DNS des Mammuts überhaupt geforscht wird. Die Realisierung der De-Extinktion eines noch nicht allzu lang ausgestorbenen Tieres erscheint bis heute den meisten deutlich wahrscheinlicher, als die schon seit Jahrmillionen verschwundenen Dinosaurier zurückzubringen. Doch haben sie damit recht?

Die letzten Mammuts starben vor etwa 4.000 Jahren auf der sibirischen Wrangel-Insel. Zu dieser Zeit hatten die Ägypter bereits eine der ersten Hochkulturen zur Blüte gebracht. Auch die Cheops-Pyramide war bereits gebaut! Aus dem sibirischen Permafrost hat man ebenfalls bereits mehrere gut erhaltene Mammut-Exemplare geborgen. Das erste wurde schon 1799 in Ostsibirien von einem einheimischen Jäger namens Ossip Schumachow an der Mündung des Flusses Lena entdeckt. Obwohl das Tier seit Jahrtausenden im Permafrost lag, waren am freigelegten Kadaver noch Fell,

Stoßzähne und Fleisch erhalten, und zwar so gut, dass sich die Hunde des Jägers dieses noch schmecken ließen. Der Fund wurde später von dem deutschen Naturforscher Michael Friedrich Adams geborgen und ausführlich untersucht. Seitdem wird dieses Exemplar auch das Adams-Mammut genannt. Es wurde 1806 vollständig nach Sankt Petersburg gebracht und befindet sich heute im Zoologischen Museum der Russischen Akademie der Wissenschaften. Dieser Fund war ein Meilenstein für die Paläontologie – denn es war das erste Mal, dass man ein ausgestorbenes Tier nicht nur als Fossil, sondern fast vollständig mit Weichteilen untersuchen konnte. Theoretisch könnten erhaltene DNA-Fragmente aus eingefrorenen Mammutüberresten genutzt werden, um eine Wiedererschaffung zu ermöglichen.

So dachte man jedenfalls. Praktisch erwies sich dies allerdings als deutlich komplizierter. Beinahe allen wissenschaftlichen Unterfangen und Universitätsprojekten, die in dieser Richtung unterwegs waren, wurden inzwischen die Gelder entzogen. Sogar Beth Shapiro, die heute als wissenschaftliche Leiterin für Colossal Biosciences arbeitet, betonte 2015 in ihrem Buch, dass ein echtes Mammut wohl niemals geklont werden kann. Das klassische Klonen durch Zellkerntransfer scheitert bislang schlicht daran, dass es keine intakten Zellkerne mehr gibt. Und trotz vollständig sequenzierter DNS ist es bislang unmöglich, das Erbgut in die Eizelle eines Elefanten zu übertragen (vgl. Loi, Saragusty & Ptak 2014).

Bis vor einigen Jahren wurde deshalb noch eine alternative Methode diskutiert: die künstliche Befruchtung einer Elefanteneizelle mit konserviertem Mammutsperma. Die daraus resultierenden Nachkommen wären zwar keine echten Mammuts, sondern Hybriden, doch nach mehreren Generationen von erfolgreichen Kreuzungen, also durch Rückzüchtung, könnte wieder ein nahezu reines Wollhaarmammut entstehen. Allerdings bleiben Spermien moderner Säugetiere in der Regel nur bis zu 15 Jahre nach dem Tiefgefrieren fortpflanzungsfähig, was diese Methode unmöglich macht: Denn jahrtausendealtes Sperma ist nicht mehr potent. Hinzu kommt die erschwerende Frage, ob der Hybridembryo die etwa zweijährige Trächtigkeit überstehen würde, und ob er nach seiner Geburt lebensfähig wäre. Auch „Motty", der einzige bislang bekannte Elefantenhybrid, starb nach nur 10 Tagen.

Heute verfolgen Forscher das Ziel, mithilfe von Genom-Editierung ein asiatisches Elefantenbaby zu schaffen, das einzelne Mammut-Merkmale trägt. Der genetische Unterschied zwischen Mammut und Elefant ist recht gering, sodass theoretisch ein „Mammufant" kreiert werden könnte, mit kleinen Ohren, dickem Fell und kälteresistentem Blut. Colossal Biosciences wollte dieses Ziel ursprünglich bis 2027 erreichen. Inzwischen wurde das bereits auf 2028 korrigiert. Dafür wird das Genom asiatischer Elefanten Schritt für Schritt mit Mammut-Genen ergänzt. Erste Erfolge präsentierten sie 2025, als sie genetisch veränderte Mäuse vorstellten, die ein zotteliges Fell aufwiesen. Ihr genetisches Erbgut war mithilfe der Genschere manipuliert worden. Dass es sich aber wirklich um eingeschleuste Mammutgene und damit um „Mammutmäuse" handelt, kann als widerlegt gelten.

Letzten Endes sind wir also auch im Jahr 2025 der Wiedererschaffung eines Mammuts kaum einen Schritt weitergekommen. Wir haben lediglich große Fortschritte darin gemacht, herauszufinden, wie es nicht geht. Mindestens vier Mammut-Projekte weltweit wurden bereits eingestellt und können damit als gescheitert gelten. Andere, die immer noch aktiv daran arbeiten, verschlingen enorme Summen an Fördermitteln, haben jedoch bislang außer reißerischen Nachrichtenmeldungen noch nicht viel Substanzielles hervorgebracht. Dass wir eines nicht allzu fernen Tages tatsächlich einmal sehr haarige Elefanten präsentiert bekommen werden, halte ich trotzdem für sehr wahrscheinlich. Aber ich werde mich damit sehr schwer tun, diese Tiere „Mammuts" zu nennen.

Beutelwolf

Der Beutelwolf (*Thylacinus cynocephalus*), auch als Tasmanischer Tiger bekannt, war ein großes, fleischfressendes Beuteltier, das auf dem australischen Festland, in Tasmanien und Neuguinea heimisch war. Am Ende des Pleistozäns gingen seine Bestände massiv zurück, wahrscheinlich weil zu dieser Zeit auch viele seiner bevorzugten Beutetiere ausstarben. Auf dem australischen Festland und in Neuguinea war der Beutelwolf bereits vor Ankunft der Europäer ausgestorben. Wahrscheinlich spielte dabei auch die Konkurrenz zum Dingo, einem von Haushunden abstammenden Wildhund, eine Rolle. Eine letzte verbleibende Population lebte bei der europäischen Besiedlung auf der südaustralischen Insel Tasmanien. Dort wurde er zu Beginn des 20. Jahrhunderts erbarmungslos gejagt, weil die Siedler um ihre Schafherden und Hühner bangten. Sogar die australische Regierung zahlte ein Kopfgeld für jeden geschossenen Beutelwolf. Es wird angenommen, dass er schließlich in den 1930er Jahren endgültig ausgerottet wurde.

Das letzte bekannte Exemplar starb am 7. September 1936 im Zoo von Hobart. Es wird angenommen, dass das Weibchen durch Vernachlässigung starb: Eingesperrt außerhalb seiner geschützten Schlafstätte war es extremen Wetterbedingungen ausgesetzt, großer Hitze am Tag und Frost in der Nacht. Was als besonders ironisch gelten kann: Nur knapp zwei Monate vor dem Tod des letzten Exemplars stellte die tasmanische Regierung den Beutelwolf unter strengen Artenschutz, nur wenige Jahre nachdem sie tausende australischer Pfund an Beutelwolf-Jäger gezahlt hatte.

Anfang 2018 konnten Forscher das nukleare Genom des Beutelwolfs erfolgreich vollständig sequenzieren, was den Abschluss eines entscheidenden ersten Schrittes in Richtung De-Extinktion markierte. Dieser Prozess hatte 2008 mit der Entnahme von DNA-Proben aus einem konservierten Beutelwolf-Exemplar begonnen. Die Sequenzlücken wurden mithilfe von Genom-Editierung rekonstruiert (vgl. Feigin et al. 2018).

Im August 2022 gaben die Universität Melbourne und Colossal Biosciences eine Partnerschaft bekannt, um die De-Extinktion des Beutelwolfs durch genetische Modifikation eines seiner nächsten lebenden Verwandten, der dickschwänzigen Schmalfuß-Beutelmaus (*Sminthopsis crassicaudata*), zu beschleunigen. Im Oktober 2024 erklärte Colossal, ein zu 99,9 % vollständiges Genom des Beutelwolfs aus einem gut erhaltenen, etwa 110 Jahre alten Schädel rekonstruiert zu haben. Die Daten wurden jedoch bis heute nicht veröffentlicht.

Im Januar 2025 gaben Colossal Biosciences und die Universität Melbourne bekannt, einen künstlichen Beuteltier-Uterus entwickelt zu haben, um sowohl die De-Extinktion des Beutelwolfs als auch den Schutz gefährdeter Beuteltierarten weiter voranzutreiben. Dabei kursierte auch die Meldung, dass sie bereits erfolgreich befruchtete Embryonen des ausgestorbenen Beutelwolfs (*Thylacinus cynocephalus*) bis zur Mitte der Schwangerschaft in dieser künstlichen Umgebung kultivieren konnten.

Eine veröffentlichte Studie zu diesem bahnbrechenden Erfolg blieb jedoch bislang aus. Die verfügbaren Informationen stammen hauptsächlich aus Pressemitteilungen und Medienberichten. Viele

Experten begegneten diesen Behauptungen deshalb mit einiger Skepsis, die noch einmal lauter wurde, als im April die „erfolgreiche" De-Extinktion des Direwolfs verkündet wurde. Auch wenn es die Medien und besonders Colossal selbst gern anders darstellen, liegt die erfolgreiche De-Extinktion des Beutelwolfs also wahrscheinlich noch in weiter Ferne.

Dodo

Der Dodo (*Raphus cucullatus*) ist ein ausgestorbener flugunfähiger Vogel, der endemisch auf der Insel Mauritius östlich von Madagaskar im Indischen Ozean vorkam. Der nächste Verwandte des Dodos war der ebenfalls ausgestorbene und flugunfähige Rodrigues-Solitär. Beide bildeten die Untertribus Raphina, eine Klade ausgestorbener flugunfähiger Vögel innerhalb der Familie der Tauben und Wildtauben (*Columbidae*).

Die erste überlieferte Erwähnung des Dodos stammt von niederländischen Seeleuten im Jahr 1598. Wie viele Tiere, die sich isoliert ohne bedeutende Fressfeinde entwickelten, zeigte der Dodo keinerlei Furcht vor Menschen. Diese Furchtlosigkeit und seine Flugunfähigkeit machten ihn zu einer leichten Beute für die hungrigen Seeleute. Doch entgegen landläufiger Meinung war die Bejagung durch den Menschen nicht die Hauptursache seines Aussterbens. Die menschliche Bevölkerung von Mauritius (mit einer Fläche von 1.860 km^2) überschritt im 17. Jahrhundert nie 50 Personen, jedoch brachten diese Menschen andere Tiere mit, darunter Hunde, Schweine, Katzen, Ratten und Affen, die Dodo-Nester plünderten und um die knappen Nahrungsressourcen konkurrierten. Gleichzeitig zerstörten Menschen den Waldlebensraum der Dodos. Möglicherweise war die Art bereits vor Ankunft des Menschen gefährdet. Eine Expedition im Jahr 2005 entdeckte subfossile Überreste von Dodos und anderen Tieren, die bei einer gewaltigen Sturzflut getötet worden waren.

1660 wurde der Dodo von Mathurin Jacques Brisson erstmalig wissenschaftlich beschrieben. Nur zwei Jahre später galt die Art bereits als ausgestorben. Kaum jemand nahm überhaupt davon Notiz. Seine heutige Bekanntheit verdankt der Dodo wahrscheinlich seinem Auftritt in Lewis Carrolls Alice im Wunderland (1865). Seither ist er ein fester Bestandteil der Popkultur, aber auch ein häufiges Beispiel für vom Menschen ausgerottete Tierarten. Der englische Ausspruch „dead like a dodo" lässt sich auf Deutsch mit „mausetot" übersetzen.

Schon Ende des 19. Jahrhunderts begannen die ersten intensiven Forschungen an den wenigen Überresten von vier Exemplaren, die Anfang des 17. Jahrhunderts nach Europa gebracht worden waren. Darunter befindet sich ein getrockneter Kopf, das einzige erhaltene Weichteilgewebe eines Dodos, das heute noch existiert. Seitdem wurde auf Mauritius eine große Menge subfossilen Materials gesammelt, hauptsächlich aus dem Sumpfgebiet Mare aux Songes.

Im Januar 2023 kündigte Colossal Biosciences ihr Projekt zur Wiederbelebung des Dodos, neben ihren bereits angekündigten Projekten zur Wiederbelebung des Wollmammuts und des Beutelwolfs an, in der Hoffnung, die Biodiversität auf Mauritius wiederherzustellen und den Status des Dodos als Symbol des Aussterbens in ein Symbol der De-Extinktion zu verwandeln.

Beth Shapiro leitet zusammen mit ihren Kollegen Tom Gilbert und John Fjeldså von der Universität Kopenhagen ein Team, das den Dodo zurückbringen soll. Um das dazu nötige Genom des Dodos zu sequenzieren und zu rekonstruieren, wurde DNA aus einem Schädel entnommen, der sich in der Sammlung des Naturhistorischen Museums von Dänemark befindet. Das Unternehmen gibt an, das Erbgut des Dodos inzwischen 50-fach sequenziert und mit einem Team des UCSC Paleogenomics Lab zusammen mit dem Genom des ebenfalls ausgestorbenen nahen Verwandten, des Rodrigues-Solitärs (*Pezophaps solitaria*), analysiert zu haben. Die Probe des Rodrigues-Solitärs stammt vom Paläontologen Julian Hume.

Ein zentraler Bestandteil des Projekts ist die Arbeit mit primordialen Keimzellen, also Vorläufern von Ei- und Samenzellen. Diese Zellen sollen genetisch so modifiziert werden, dass sie die gewünschten Dodo-Merkmale tragen. Anschließend sollen sie in Embryonen eingebracht werden, die in Eiern von verwandten Vogelarten, wahrscheinlich der Kragentaube (*Caloenas nicobarica*), heranreifen. Ziel ist es, auf diese Weise lebende Nachkommen zu erzeugen, die die charakteristischen Eigenschaften des Dodos aufweisen. Ob Colossal Biosciences auf diesem Gebiet aber bereits Durchbrüche erzielt hat, beantwortet ihre Website bislang noch nicht. Insofern erscheint es fraglich, dass die Wiedererschaffung des Dodos bereits in greifbarer Nähe liegt.

Nördliches Breitmaulnashorn

Das Nördliche Breitmaulnashorn (*Ceratotherium simum cottoni*) ist eine Unterart des Breitmaulnashorns, die im östlichen und zentralen Afrika südlich der Sahara heimisch ist. Aufgrund weitverbreiteter und unkontrollierter Wilderei sowie Bürgerkriege in ihrem ehemaligen Verbreitungsgebiet gingen die Bestandszahlen dieser Unterart im späten 20. und frühen 21. Jahrhundert rapide zurück. Anders als die meisten potenziellen Kandidaten für eine Wiederbelebung durch De-Extinktion ist das Nördliche Breitmaulnashorn nicht tatsächlich ausgestorben, da noch lebende Individuen existieren. Allerdings wird die Art als funktional ausgestorben bezeichnet, da nur noch zwei weibliche Exemplare, Najin und Fatu, auf der Ol Pejeta Conservancy in Kenia leben.

Im August 2019 wurden im Rahmen eines Projekts des Leibniz-Instituts für Zoo- und Wildtierforschung, des Zoos Dvůr Králové, des Kenya Wildlife Service und von Avantea zehn Eizellen (jeweils fünf von Najin und Fatu) entnommen, um sie künstlich mit dem eingefrorenen Sperma eines Nördlichen Breitmaulnashorns zu befruchten. Im September 2019 gaben Wissenschaftler bekannt, dass sie die Eizellen in vitro mit dem eingefrorenen Sperma verstorbener Männchen befruchtet hatten. Zwei der daraus entstandenen Embryonen waren lebensfähig. Im Januar des Folgejahres konnte noch ein weiterer Embryo erzeugt werden. Alle drei Embryonen stammen von Fatu. Diese Embryonen werden in flüssigem Stickstoff aufbewahrt, bis sie in eine Leihmutter, wahrscheinlich ein südliches Breitmaulnashorn, eingepflanzt werden können.

Im Dezember 2020 wurden weitere 14 Eizellen von Fatu entnommen. Acht davon wurden mit dem Sperma des verstorbenen Nördlichen Breitmaulnashorns Suni befruchtet, woraus zwei lebensfähige Embryonen hervorgingen. Von Najin konnten keine Eizellen mehr entnommen werden. Inzwischen existieren 30 Embryonen des Nördlichen Breitmaulnashorns, die vom BioRescue-Team erzeugt worden waren. Die Embryonen wurden in Laboren in Berlin (Deutschland) und Cremona (Italien) kryokonserviert. Das BioRescue-Team hat in enger Zusammenarbeit mit Colossal Biosciences geplant, bis Ende 2024 Embryonen des Nördlichen

Breitmaulnashorns in zwei Südliche Breitmaulnashörner als Leihmütter einzupflanzen. Eine Erfolgsmeldung über dieses Unterfangen steht jedoch noch aus.

Maclear-Ratte

Auch auf anderen Baustellen stecken Forscher in Sackgassen fest. Jianqing Lin von der Shantou University (China) und sein Team veröffentlichten 2022 eine Arbeit, in der es darum ging, das Erbgut der ausgestorbenen Maclear-Ratte (*Rattus macleari*) zu rekonstruieren. Dieses Nagetier lebte auf der Weihnachtsinsel im östlichen Indischen Ozean. Ende des 19. Jahrhunderts verursachte der Phosphatabbau auf der Insel eine ökologische Katastrophe: Von den Schiffen der Europäer gelangten Wanderratten (*Rattus norvegicus*) auf die Insel, die Krankheitserreger wie Trypanosomen einschleppten. Diese lösten ein Massensterben unter den beiden endemischen Rattenarten, der Maclear- und der Weihnachtsinsel-Ratte, aus. 1902 konnte ein Kompaniearzt nur noch kranke Tiere finden, die sich sogar tagsüber im Todeskampf zeigten. 1903 galt die Maclear-Ratte als ausgestorben (vgl. Wyatt et al. 2008).

Über ein Jahrhundert später machten sich Forscher daran, die Maclear-Ratte, durch Manipulation der Gene der eng verwandten Wanderratte, wiederzubeleben. Dabei traten aber erhebliche Komplikationen auf. Fast 5 % der Genomsequenz sind nicht rekonstruierbar. 1.661 Gene sind zu weniger als 90 % vollständig wiederherzustellen, 26 weitere fehlen ganz. Selbst bei einer Ratte, die erst vor relativ kurzer Zeit ausstarb, und von der ein beachtlicher Teil des Genoms noch vollständig vorhanden war, bekommen wir die De-Extinktion also noch nicht hin.

Magenbrüterfrosch

Eine ausgestorbene Froschart aus dem Osten Australiens zeichnete sich durch ihr außergewöhnliches Fortpflanzungsverhalten aus: Die Weibchen entwickelten ihre Kaulquappen im eigenen Magen und entließen die voll entwickelten Jungfrösche schließlich durch den Mund in die Freiheit. Diese eigentümliche Form der Fortpflanzung wird sogar von pseudowissenschaftlichen Kreationisten gern als Argument gegen die Evolutionstheorie ins Feld geführt, obwohl sie ganz im Gegenteil eines der besten Beispiele für Spezialisierung und Anpassung ist, oder besser gesagt war. In den frühen 1980er-Jahren starben sowohl der südliche Magenbrüterfrosch (*Rheobatrachus silus*) als auch sein nördlicher Verwandter (*Rheobatrachus vitellinus*) aus. Die Ursache für ihr Verschwinden ist ungeklärt. Der Mensch scheint hier dieses Mal tatsächlich keine Verantwortung zu tragen. Eventuell ist eine Pilzkrankheit, die Chytridiomykose, der Killer.

Im März 2013 ist es einem Forscherteam der University of New South Wales des sogenannten Lazarus Project gelungen, Embryonen aus kryokonserviertem Erbmaterial zu erzeugen. Dafür wurden eingefrorene Zellkerne des Frosches in entkernte Eizellen einer verwandten Froschart implantiert. Die so entstandenen Embryonen entwickelten sich einige Tage lang, starben jedoch im Frühstadium ab. Dennoch markierte dieser Teilerfolg einen bedeutenden Meilenstein: Zum ersten Mal konnten Zellen eines ausgestorbenen Tieres reaktiviert werden und blieben über mehrere Tage lang lebensfähig. Das Lazarus Project läuft noch, öffentliche Berichte über weitere Durchbrüche wurden jedoch bislang nicht weiter veröffentlicht.

Stellersche Seekuh

Die Stellersche Seekuh (*Hydrodamalis gigas*) war ein großes Meeressäugetier, das im Beringmeer zwischen Russland und den Vereinigten Staaten heimisch war. Während des Pleistozäns hatte es aber noch ein deutlich größeres Verbreitungsgebiet. Mit einer Körperlänge von über 8m und einem Gewicht von mehr als 10 Tonnen gehörte es zu den größten Tieren, die auf unserem Planeten noch vor wenigen Jahrhunderten lebten. Als das Forschungsschiff St. Peter unter dem berühmten Arktisforscher Vitus Bering auf der später nach ihm benannten Bering-Insel strandete, wurde die Seekuh vom deutschen Arzt und Naturforscher Georg Wilhelm Steller entdeckt und 1741 erstmals wissenschaftlich beschrieben. Zu der Zeit gab es vermutlich nur noch etwa 2.000 Exemplare bei der Beringinsel und der benachbarten Kupferinsel. Das vermutlich letzte Tier der Art wurde zu Nahrungszwecken 1768 von Pelztierjägern bei der Beringinsel erschlagen. Ihr Auftrieb machte sie zu einer leichten Beute für die Seefahrer.

Im Jahr 2021 wurde das nukleare Genom der Art vollständig sequenziert. Ende 2022 begann eine Gruppe russischer Wissenschaftler, finanziert von Sergei Bachin, mit einem Projekt zur Wiederbelebung und Wiedereinführung der riesigen Seekuh. Dazu soll zunächst ihr ursprüngliches Ökosystem aus Tangwäldern wiederhergestellt werden. Das Projekt Arctic Sirenia plant, die Art durch Genom-Editierung des Dugongs (*Dugong dugon*) zu rekonstruieren. Allerdings wird dafür eine künstliche Gebärmutter benötigt. Aufgrund der schieren Größe der Kälber steht heute keine geeignete Leihmutter mehr zur Verfügung. Auch Ben Lamm von Colossal Biosciences hat den Wunsch geäußert, die Art wiederzubeleben, sobald sein Unternehmen eine künstliche Gebärmutter entwickelt hat und seine ersten vier Projekte (Wollhaarmammut, Dodo, Beutelwolf und Nördliches Breitmaulnashorn) abgeschlossen sind.

Indischer Gepard

Der Indische Gepard war eine Population des Asiatischen Geparden (*Acinonyx jubatus venaticus*), die in Indien endemisch war. Seit dem 16. Jahrhundert wurde der Asiatische Gepard in der Region durch das Einfangen durch indische Adelige für die Hetzjagd stark dezimiert. Später führten Wilderei, Lebensraumverlust und der Verlust von Beutetieren im 20. Jahrhundert dazu, dass die Art 1952 von der indischen Regierung offiziell für ausgestorben erklärt wurde.

In den Jahren 2022 und 2023 wurden afrikanische Geparden nach Indien importiert, um als ökologischer Ersatz für die lokal ausgestorbene Unterart zu dienen. Im April 2025 kündigten das Birbal Sahni Institute of Palaeosciences in Zusammenarbeit mit dem Zoological Survey of India Pläne an, den Indischen Geparden durch dieselben Methoden wiederzubeleben, die Colossal Biosciences beim Projekt zum Direwolf angewendet hat (bzw. angibt, angewendet zu haben): Dabei soll das Genom des Afrikanischen Geparden so verändert werden, dass es dem des Indischen Geparden entspricht, wobei ein Afrikanischer Gepard als Leihmutter dienen soll. Das Projekt befindet sich also derzeit noch im Planungsstatus.

Wandertaube

Einst gehörte sie zu den häufigsten Vögeln Nordamerikas, heute ist sie ausgestorben: die Wandertaube (*Ectopistes migratorius*), benannt nach ihren weitreichenden Zugbewegungen in enorm großen Schwärmen, die den Himmel verdunkeln konnten, wie Zeitzeugen noch berichteten. Die Hauptgründe für das Aussterben der Wandertaube waren die massive Bejagung, der rasche Verlust ihres Lebensraums sowie ihr extrem soziales Verhalten, das sie besonders anfällig für all diese Faktoren machte. Der hohe Bedarf an neuer landwirtschaftlicher Nutzfläche, aber auch die Nachfrage nach Bauholz und Brennstoff trieben die Abholzung ihres Lebensraumes voran. Zwischen 1850 und 1910 wurden etwa 728.000 km^2 Wald in Nordamerika gerodet. Obwohl es im Osten des Kontinents noch große Waldgebiete gibt, die eine Vielzahl von Wildtieren beherbergen, reichte dies nicht aus, um die riesigen Populationen von Wandertauben zu erhalten, noch dazu, weil in der kritischen Zeit unzählige Vögel bei der Vergnügungsjagd geschossen wurden. Zusätzlich zu den während der Brutzeit getöteten oder vertriebenen Vögeln wurden auch viele Jungtiere verwaist, bevor sie sich selbstständig ernähren konnten. Als die Schwärme kleiner wurden, fiel die Population der Wandertaube Anfang des 20. Jahrhunderts unter die kritische Schwelle, die notwendig gewesen wäre, um die Art aufrechtzuerhalten. Somit ist die Wandertaube ein Beispiel für den sogenannten Allee-Effekt (vgl. Halliday 1980).

Das Aussterben der Wandertaube weckte öffentliches Interesse an der Naturschutzbewegung und führte zu neuen Gesetzen und Maßnahmen, die viele andere Arten seither vor dem Aussterben bewahren konnten. Außerdem hat ihr plötzliches, unerwartetes Verschwinden neue Methoden zur Einschätzung des Aussterberisikos bedrohter Tierarten beeinflusst. Noch heute verwendet die

IUCN die Wandertaube als Referenz dafür, wie Arten als gefährdet eingestuft werden können, selbst wenn ihre Bestandszahlen noch hoch erscheinen (vgl. Jackson & Jackson 2007).

Heute existieren weltweit noch mindestens 1.532 konservierte Exemplare von Wandertauben. Die gemeinnützige Organisation Revive & Restore hat aus diesem reichen Material bereits erfolgreich DNA der Wandertaube extrahiert. Diese DNA ist jedoch aufgrund ihres Alters bereits stark zerfallen. Da das Klonen eines „reinen" Exemplars somit nicht möglich ist und auch an der Hürde scheitern würde, dass die Wandertaube natürlich ein eierlegender Vogel war, konzentriert sich Revive & Restore darauf, Mutationen in der DNA zu identifizieren, die phänotypische Unterschiede zwischen der ausgestorbenen Wandertaube und ihrem nächsten lebenden Verwandten, der Bandschwanztaube (*Patagioenas fasciata*), ausmachen. So wollen sie herausfinden, wie die DNA der Bandschwanztaube verändert werden müsste, um Merkmale nachzubilden, die denen der Wandertaube entsprechen.

Im Jahr 2015 wurde prognostiziert, dass ein solcher Hybrid bis 2025 für die Zucht in Gefangenschaft bereit wäre und bis 2030 in die Wildnis entlassen werden könnte. Da inzwischen absehbar wurde, dieses Ziel bis dahin nicht erreichen zu können, liegt der neue Zielzeitpunkt nun zwischen 2029 und 2032. Die vollständige Wiedereinführung in die Wildnis könnte jedoch noch Jahrzehnte dauern.

Im Oktober 2024 arbeitete Revive & Restore mit dem Applied Ecological Institute zusammen, um in Wisconsin (USA) Waldbelastungen zu simulieren und zu beobachten, wie Bäume auf die Wiedereinführung der Wandertauben reagieren würden. Im Fall der Wandertaube ist es aufgrund ihres extrem sozialen Verhaltens fraglich, ob genügend Individuen geschaffen werden könnten, um eine lebensfähige Population aufzubauen, und ob noch ausreichend geeigneter Lebensraum zur Verfügung steht. Außerdem würden die Elterntiere, die die geklonten Wandertauben aufziehen müssten, einer anderen Art angehören und ein anderes Brut- und Aufzuchtverhalten aufweisen.

Heidehuhn

Das Heidehuhn (*Tympanuchus cupido cupido*) war eine Unterart des Präriehuhns, die in den Heidelandschaften an der Küste Nordamerikas heimisch und einst sogar sehr häufig war. Es wird sogar spekuliert, dass beim ersten Thanksgiving der Pilgerväter dieses Huhn und nicht etwa der traditionelle Truthahn als Hauptgericht serviert wurde. Allerdings führte gerade seine Häufigkeit und damit von den Siedlern als Selbstverständlichkeit angenommene Bestandsstärke zu seinem Aussterben, und zwar durch Überbejagung. Auf dem nordamerikanischen Festland wurde das Heidehuhn bis 1870 ausgerottet, sodass nur noch eine Population von 300 Individuen auf Martha's Vineyard, einer Insel vor der US-amerikanischen Ostküste, übrigblieb. Trotz Schutzbemühungen starb die Unterart 1932 aus, nachdem Booming Ben, das letzte bekannte Heidehuhn, aus einer geschützten Anlage ausgebüxt war, nicht mehr wiedergefunden werden konnte und schließlich für tot erklärt wurde.

Im Sommer 2014 stellte Revive & Restore auf Martha's Vineyard ihr Projekt zur Wiederbelebung des Heidehuhns vor. Ziel ist es, die Sandgraslandschaften wiederherzustellen. Dafür wurden die Genome von 19 Individuen verschiedener *Tympanuchus*-Arten sequenziert, darunter das Große Präriehuhn (*T. cupido pinnatus*), das kleinere Präriehuhn (*T. pallidicinctus*) und zwei Unterarten des Spitzschwanzhuhns (*T. phasianellus*). Das Ergebnis: Das

Heidehuhn ist genetisch eigenständig und kann nicht einfach durch Zucht aus den anderen Hühnern rekonstruiert werden. Eine hochauflösende Referenzgenomkarte des Großen Präriehuhns bildet die Grundlage für weitere Arbeiten.

Wegen der Herausforderungen bei Eierlegern konzentriert sich Revive & Restore auf die Arbeit mit primordialen Keimzellen (PGCs). 2016/17 gelang es Crystal Bioscience, erste Zelllinien aus Eiern des Großen Präriehuhns zu kultivieren. Zwar handelte es sich hierbei um spätere Keimzellen, doch war dies trotzdem ein wichtiger Schritt. Parallel dazu erprobte die Technische Universität München den Transfer solcher Zellen in adulte Hähne. Seit 2019 optimiert die Walzem-Gruppe an der Texas A&M University die Kulturbedingungen für PGCs und testet die Verfahren am Präriehuhn. Das Heidehuhn-Projekt dient auch als Modell für die genetische Rettung anderer Vogelarten. Besonders vielversprechend ist der Einsatz von Größenausschlusstechnologie, um unerwünschte Zelltypen auszusortieren und reine Keimzellkulturen zu gewinnen. Sollte dieser Ansatz gelingen, könnte er helfen, bedrohten oder ausgestorbenen Vögeln neue Überlebenschancen zu eröffnen.

Buschmoa

Der kleine Buschmoa (*Anomalopteryx didiformis*) war eine schlanke Moa-Art, die etwas größer als ein Truthahn und vor allem auf der Nordinsel und mit einigen kleinen Populationen auch auf der Südinsel Neuseelands verbreitet war. Vor etwa 500–600 Jahren starb die Art zusammen mit allen anderen Moas aus, nachdem die Vorfahren der Māori auf Neuseeland ankamen. Bejagung durch den Menschen, aber auch durch die eingeführten Haushunde sorgten für einen allmählichen Niedergang der Art.

Wissenschaftler der Harvard-Universität haben inzwischen aus subfossilen Zehenknochen das erste nahezu vollständige Genom der Art rekonstruiert und damit einen wichtigen Schritt in Richtung Wiederbelebung der Art gemacht (vgl. Edwards et al. 2024). Trevor Mallard, ein neuseeländischer Politiker, hat ebenfalls vorgeschlagen, eine mittelgroße Moa-Art zurückzubringen. Bei der Wiedererschaffung könnte ein australischer Emu (*Dromaius novaehollandiae*) als Stellvertreterart dienen. Konkrete Pläne oder Projekte zur Wiedererschaffung des Buschmoas gibt es derzeit aber noch nicht.

Die bisherigen De-Extinktions-Projekte zeigen: Sie sind längst keine bloße Science-Fiction mehr! Aber wir sind trotzdem noch weit von einer tatsächlichen Rückkehr ausgestorbener Arten entfernt. Zwar konnten inzwischen zahlreiche Genome ausgestorbener Tiere rekonstruiert werden, manche sogar mit beachtlicher Vollständigkeit, doch der Schritt von digitaler Gensequenz zu lebendigem Tier bleibt bislang in fast allen Fällen ein theoretisches Ziel. Viele Projekte stecken noch in der experimentellen Phase oder beruhen auf Ankündigungen und ambitionierten Versprechen. Die Hürden sind jedoch nach wie vor hoch und nicht überwunden. Was bleibt, ist ein ambivalentes Bild: Einerseits bahnbrechende technologische Fortschritte und mutige neue Ansätze, andererseits Übertreibung, PR und ein oft völlig unrealistischer Hype. Die Realität ist bisher: Aussterben lässt sich nicht so einfach rückgängig machen.

Kapitel 7: Aktuelle Rückzüchtungsprogramme

Nicht jede Wiederbelebung ausgestorbener Tiere braucht gleich Genom-Editierung, künstliche Uteri oder Hightech-Labore. Es gibt auch einen bodenständigeren, wenn auch oft weniger beachteten Weg: die Rückzüchtung. Statt ausgestorbene Arten auf molekularer Ebene zu rekonstruieren, versucht man hier, ihre äußeren Merkmale oder Verhaltensweisen durch gezielte Zucht aus ihren heute noch lebenden Nachfahren wieder hervorzubringen. Auch wenn solche Tiere genetisch nicht mit ihren ausgestorbenen Vorfahren identisch sind, können sie dennoch wieder ökologische Nischen besetzen, die seit deren Verschwinden leer geblieben sind. Manche Projekte versuchen sogar, verloren gegangene Rassen oder Arten durch genetisch ähnliche Hybriden zurückzuzüchten, andere konzentrieren sich auf funktional ausgestorbene Spezies, bei denen noch letzte Individuen existieren. In diesem Kapitel werfen wir einen Blick auf die bemerkenswertesten aktuellen Rückzüchtungsprojekte und sehen, was sie bereits erreicht haben.

Auerochse

Schon in den 1920er Jahren entstand mit dem Heckrind eine Hausrindrasse, die in ihrem äußeren Erscheinungsbild stark an den ausgestorbenen Auerochsen (*Bos primigenius*) angelehnt ist. Der Auerochse war während des Pleistozäns in Eurasien, Nordafrika und auf dem indischen Subkontinent weitverbreitet, doch nur der europäische Auerochse überlebte bis in die historische Zeit. Diese Art wurde auch in europäischen Höhlenmalereien wie in der Höhle von Lascaux und der Chauvet-Höhle in Frankreich häufig dargestellt und war auch während der Römerzeit noch weitverbreitet, sodass wir eine sehr genaue Vorstellung davon haben, wie dieses Tier einst aussah. Nach dem Fall des Römischen Reiches reduzierte sich seine Population in Europa drastisch, bis nur noch eine einzige Gruppe im Jaktorów-Wald in Polen übrig war. Dort starb das letzte wilde Exemplar im Jahre 1627 (vgl. Rokosz 1995).

Da der Auerochse jedoch der Vorfahre der meisten modernen Rinderrassen ist, besteht die Möglichkeit, ihn durch selektive Zucht oder Rückzüchtung zurückzubringen. Der erste Versuch in diese Richtung wurde von Heinz und Lutz Heck unternommen, die moderne Rinderrassen verwendeten und damit das Heckrind schufen. Diese Rasse wurde inzwischen in Naturschutzgebiete in ganz Europa eingeführt. Es handelt sich aber natürlich nicht um echte Auerochsen, sondern nur um eine Rückzüchtung. Die Heckrinder sind auch deutlich kleiner als ihre ausgestorbenen Vorgänger und nicht größer als andere Nutzviehrassen.

Einige moderne Projekte haben sich zum Ziel gesetzt, ein Tier zu erschaffen, das dem Auerochsen in Morphologie, Verhalten und sogar genetisch nahezu identisch ist, beispielsweise das Tauros-Programm und das separate Taurus-Projekt. Diese Organisationen arbeiten eng mit der Initiative Rewilding Europe zusammen, um einige europäische Naturlandschaften wieder in ihren prähistorischen Zustand zu versetzen. Ein konkurrierendes Projekt ist auch das Uruz-Projekt der True Nature Foundation, das mithilfe effizienterer Zuchtstrategien und Genom-Editierung den Auerochsen ebenfalls zurückbringen möchte, um die Zahl der benötigten Zuchtgenerationen zu verringern und unerwünschte Merkmale schnell aus der Population auerochsenähnlicher Rinder zu entfernen. Beide Initiativen planen, ihre Auerochsen in ausgewählten Gebieten Europas auszuwildern und die Art wieder als geschützte Wildtierart anerkennen zu lassen.

Quagga

Ein weiteres interessantes Beispiel für ein laufendes Rückzüchtungsprogramm: das Quagga (*Equus quagga quagga*). Hierbei haben wir es mit einer Unterart des Steppenzebras zu tun, die jedoch nur im Bereich von Kopf und vorderem Oberkörper gestreift war, während der hintere Bauchbereich einfarbig braun blieb. Es war in Südafrika heimisch, wurde jedoch in freier Wildbahn durch intensive Großwildjagd ausgerottet. Das letzte Individuum starb 1883 im Zoo von Amsterdam.

Da es sich technisch gesehen um dieselbe Art wie das heute noch existierende Steppenzebra handelt, könnte auch hier eine Rückzüchtung erfolgen. Und dazu gibt es ebenfalls bereits Initiativen: Das Quagga-Projekt verfolgt das Ziel, durch gezielte Zucht von Steppenzebras eine dem Quagga ähnliche Form zu züchten (vgl. Harley et al. 2009). Außerdem ist geplant, diese Tiere auszuwildern, sobald mehrere Exemplare gezüchtet wurden, die dem

Quagga entsprechen. Dadurch könnte auch die Ausbreitung invasiver Baumarten eingedämmt werden, so argumentieren die Befürworter der Initiative.

Die Vertreter der Rain-Population, die jüngste Generation der rückgezüchteten Zebras aus dem Jahr 2022, weisen bereits eine starke Reduktion der Streifen im hinteren Körperdrittel auf. Sie sind allerdings am ganzen Körper recht bräunlich und entsprechen dem Quagga somit nur mit Einschränkungen. Trotzdem ist der Erfolg der Initiative abzusehen. Die jüngeren Generationen werden dem Quagga äußerlich tatsächlich immer ähnlicher.

Rastreador Brasileiro

Der Rastreador Brasileiro ist eine große brasilianische Jagdhunderasse, die in den 1950er-Jahren gezüchtet wurde, um Jaguare und Wildschweine zu jagen. 1973 galt sie jedoch als ausgestorben: Krankheiten, die durch Zecken übertragen wurden, sowie Vergiftungen durch eingesetzte Insektizide hatten den Bestand komplett ausgelöscht. Die Fédération Cynologique Internationale (FCI) und die brasilianische Hundezüchtervereinigung Confederação Brasileira de Cinofilia strichen den Hund folglich offiziell von ihren Listen.

Anfang der 2000er-Jahre begann jedoch eine Initiative namens Grupo de Apoio ao Resgate do Rastreador Brasileiro mit dem Versuch, die Rasse wiederzubeleben. Dazu suchten sie in ganz

Brasilien nach Hunden, die noch genetische Spuren der ursprünglichen Linie aufwiesen, um daraus wieder einen reinrassigen Rastreador Brasileiro zu züchten. Das Unterfangen war von Erfolg gekrönt: 2013 gelang ihnen schließlich die Wiederherstellung der Rasse. Der Hund wurde wieder offiziell anerkannt und in die Rasselisten aufgenommen.

Jangtse-Riesenweichschildkröte

Die Jangtse-Riesenweichschildkröte (*Rafetus swinhoei*) ist in China und Vietnam endemisch und mit einer Panzerlänge von über einem Meter die größte heute lebende Süßwasserschildkröte der Welt. Aufgrund verschiedener Faktoren wie Lebensraumverlust, Wildtierhandel, Trophäenjagd und vor allem dem Vietnamkrieg wurde die Population der Art auf nur noch drei männliche Individuen reduziert, womit sie funktional ausgestorben ist, ähnlich wie das nördliche Breitmaulnashorn und der Elfenbeinspecht. Ein Individuum lebt in Gefangenschaft im Suzhou Zoo in China, zwei weitere leben wild im Dong-Mo-See in Vietnam. Seit 2009 laufen im Suzhou Zoo und durch die Turtle Survival Alliance Bemühungen, die Art durch verschiedene Methoden der unterstützten Fortpflanzung vor dem Aussterben zu bewahren.

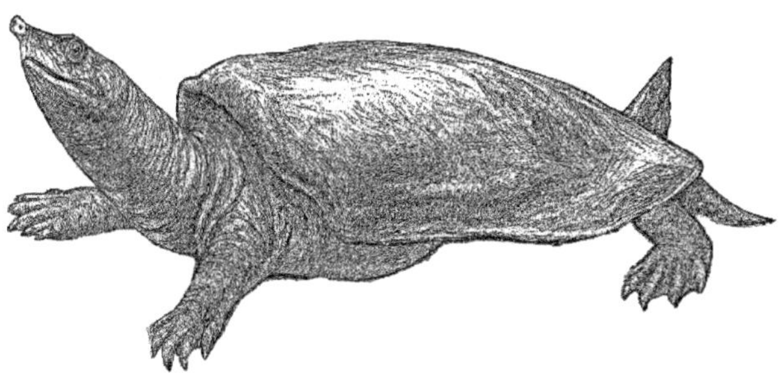

Trotz Bemühungen, die Schildkröten auf natürlichem Wege zu züchten, waren alle Eier des letzten bekannten, inzwischen verstorbenen Weibchens unbefruchtet und nicht entwicklungsfähig. Im Mai 2015 wurde bei der Art erstmals eine künstliche Besamung durchgeführt. Im Juli desselben Jahres legte das Weibchen 89 Eier, doch wie bei allen vorherigen natürlichen Versuchen waren diese unbrauchbar. Im April 2019 starb das Weibchen im Zoo nach einem weiteren gescheiterten Versuch der künstlichen Besamung.

Im Jahr 2020 wurde ein wild lebendes Weibchen entdeckt, was neue Hoffnung für das Überleben der Art weckte. Dieses Individuum wurde jedoch Anfang 2023 tot aufgefunden. Derzeit laufen mehrere Suchaktionen in China und Vietnam, um weitere weibliche Individuen zu finden, entweder für die natürliche Paarung mit den letzten bekannten Männchen oder für eine künstliche Befruchtung. Somit können die Bemühungen sowohl als kryptozoologisches Unterfangen als auch durchaus als konkretes De-Extinktions- bzw. Rückzüchtungsprogramm gelten, wenn wir die Wiederentdeckung und die Wiedererschaffung noch lebender, aber funktional ausgestorbener Arten dabei ebenfalls einbeziehen.

Floreana-Riesenschildkröte

Die Floreana-Riesenschildkröte (*Chelonoidis niger niger*) war einst auf der Insel Floreana im Galapagos-Archipel heimisch. Sie gilt seit etwa 1850, aufgrund von starker Bejagung durch Seeleute sowie der Zerstörung ihres Lebensraums durch eingeschleppte Tiere wie Vieh, Ratten, Hunde und Katzen als ausgestorben. Auch ein absichtlich gelegtes Feuer im Jahr 1820, verursacht von Thomas Chappel, einem Besatzungsmitglied des Walfängers Essex, soll den Bestand der Unterart erheblich dezimiert haben. Die Essex wurde nur wenige Wochen später von einem riesigen Pottwal angegriffen und versenkt, der somit Rache für die vielen verbrannten Schildkröten nahm.

Im Jahr 2008 kam eine Genanalyse an Riesenschildkröten, die heute noch auf der Nachbarinsel Isabela leben, zu einem erstaunlichen Ergebnis: Die Schildkröten dort tragen zu einem erheblichen Teil noch Gene von der Floreana-Riesenschildkröte (vgl. Poulakakis et al. 2008). Offenbar waren im frühen 19. Jahrhundert Schildkröten dorthin gebracht oder ausgesetzt worden, wo sie sich mit anderen Unterarten kreuzten.

2017 startete ein Rückzüchtungsprojekt, das aus diesen Hybriden wieder möglichst reine Floreana-Riesenschildkröten hervorbringen soll. Bis 2025 konnten auf der Insel Santa Cruz bereits rund 400 Nachzuchten ausgebrütet werden. Ziel ist es, die Tiere nach erfolgreicher Entfernung der eingeschleppten Arten wieder auf Floreana anzusiedeln. Die IUCN hat den Status der Unterart bislang jedoch nicht bestätigt. Bei der letzten Bewertung 2017 gab es noch keinen genetisch reinen Nachweis, und bislang konnten sich die nachgezüchteten Tiere in freier Wildbahn nicht selbstständig fortpflanzen. Wenn sie das eines Tages tun werden, wäre dies eine der ersten erfolgreichen De-Extinktionen durch Rückzüchtung.

Wiedererschaffung der Dinosaurier?

Ähnliche Rückzüchtungsprogramme sind auch immer wieder über Dinosaurier im Gespräch. Auch der berühmte Paläontologe John „Jack" Horner, der seinerzeit auch beratend für die Jurassic-

Filme tätig war, setzt sich dafür ein, die Gene von Haushühnern so zu verändern, dass einige Dinosaurier-Merkmale tatsächlich wieder sichtbar auftreten könnten. Hühner tragen so wie alle Vögel noch viele Gene in sich, die für einen verlängerten Schwanz, bekrallte Vordergliedmaßen und Zähne zuständig sind. Bei modernen Vögeln sind diese jedoch inaktiv. Die Schwierigkeit ist, diese Gene zu identifizieren und zu reaktivieren. Mithilfe von Genmanipulationen sollen allerdings schon Embryonen erschaffen worden sein, die einige dieser Merkmale wieder ausgeprägt haben. Geschlüpft ist so ein Dino-Huhn aber bislang noch nie.

Horners möglicher „Chickenosaurus" ist derzeit tatsächlich das, was der Realisierung eines echten Jurassic Parks am nächsten kommt. Allerdings bräuchte man für diese Dino-Rückzüchtungen sicher keine abgelegene, isolierte Insel. Eine normale Hühnerfarm würde schon reichen, und Angst vor einem Ausbruch, geschweige denn vor der Übernahme unseres Planeten, müsste man vor ihnen sicher keine haben.

Die Fans von Jurassic Park können also vielleicht bald mit weiteren unterhaltsamen Dino-Filmen rechnen. Aber dass wir jemals echte, wiedererschaffene Urzeit-Tiere bestaunen können, ist realistisch betrachtet wohl noch eine ziemlich lange Zeit lang nicht möglich. Und das ist vielleicht aus vielerlei Gründen auch ganz gut so.

Kapitel 8: Die bisherigen Erfolge

Die vorherigen Kapitel haben gezeigt, was technologisch bereits gelungen und in Zukunft vielleicht möglich ist, aber auch, wo die De-Extinktion in Sackgassen steckt und wo profitorientierte Firmen (vielleicht absichtlich?) schummeln. Hier wollen wir eine Bilanz aus alldem ziehen, die uns eine realistische Einschätzung zukünftiger De-Extinktions-Programme geben soll. Abschließend wollen wir auch noch auf einige sehr interessante Erfolge der De-Extinktion blicken, die aber oft übersehen werden!

Um besser zu verstehen, wie realistisch künftige Projekte tatsächlich sind, lohnt sich zunächst ein Blick darauf, wie internationale Organisationen wie die IUCN das Thema De-Extinktion und seinen aktuellen Status konkret einschätzen. Im April 2014 rief die Species Survival Commission (SSC) eine „Taskforce für De-Extinktion" ins Leben. Ihre Aufgabe war es, zu klären, unter welchen Bedingungen die Erschaffung von Ersatzformen ausgestorbener Arten als Beitrag zum Naturschutz sinnvoll sein könnte.

Dafür sollte sie Leitlinien erarbeiten, die helfen, Chancen und Risiken solcher Vorhaben besser einzuschätzen, und eine offizielle Position der IUCN zur zunehmenden technologischen Machbarkeit von De-Extinktionsprojekten formulieren. Von einer Vielzahl ausgestorbener Tiere liegt inzwischen genetisches Material vor, in einigen wenigen Fällen sogar vollständig sequenzierte Genome. Von jedem Tier auf dieser Liste könnte also in Zukunft ein De-Extinktions-Programm gestartet werden. Von vielen, wie wir eben gesehen haben, laufen sie sogar bereits. Wie erfolgversprechend diese sein werden, steht natürlich auf einem anderen Blatt, wobei es natürlich wahrscheinlicher wird, je mehr genetisches Material verfügbar ist, und ob es heute noch nahe Verwandte der Art gibt, deren Erbgut man mithilfe der alten DNS bearbeiten kann, und die eventuell auch als Leihmütter infrage kommen könnten

.

Hier eine Auflistung ausgestorbener Landwirbeltiere, von denen wenigstens ein Teil ihres Genoms erforscht ist. Die Liste erhebt keinen Anspruch auf Vollständigkeit!

Amphibien:

Trivial-Name:	Wiss. Name:	Lebensraum:	Ausgestorben:	Genetisches Material:	
				Proteine:	Nukleotide:
Markham-Frosch	*Leiopelma markhami*	Neuseeland	Holozän, ca. 1800 A.D.	0	2
Marmorkröte	*Uperoleia marmorata*	Australien	Holozän, nach 1840 A.D.	1	0

Reptilien:

Trivial-Name:	Wiss. Name:	Lebensraum:	Ausgestorben:	Genetisches Material:	
				Proteine:	Nukleotide:
Bahama-Riesenschildkröte	*Chelonoidis alburyorum*	Bahamas	Holozän, ca. 1400 A.D.	13	11
Reunion-Riesenschildkröte	*Cylindraspis indica*	Maskarenen	Holozän, ca. 1840 A.D.	5	8
Mauritius-Sattelrücken-Schildkröte	*Cylindraspis inepta*	Mauritius	Holozän, ca. 1700 A.D.	4	6
Rodrigues-Sattelrücken-Riesenschildkröte	*Cylindraspis peltastes*	Rodrigues	Holozän, ca. 1800 A.D.	5	6
Maurutius-Sattelrücken-Riesenschildkröte	*Cylindraspis triserrata*	Mauritius	Holozän, ca. 1700 A.D.	3	5
Vosmaers Riesenschildkröte	*Cylindraspis vosmaeri*	Rodrigues	Holozän, ca. 1800 A.D.	4	6
Riesen-Kanarenechse	*Gallotia goliath*	Teneriffa	Holozän, ca. 1450 A.D.	1	2

Roque Chico de Salmor-Echse	*Gallotia simonyi*	Roque Chico de Salmor	Holozän, ca. 1931 A.D.	4	6
Ibiza-Stülpnasenotter	*Vipera latastei ebusitana*	Ibiza	Holozän, ca. 2000 B.C.	13	1

Dinosaurier:

Wiss. Name:	Lebensraum:	Ausgestorben:	Genetisches Material:	
			Proteine:	Nukleotide:
Brachylophosaurus canadensis	Oldman Formation, Kanada	Oberkreide, vor 77,6 Ma	2	-
Caudipteryx zoui	Yixian Formation, China	Unterkreide, vor 124,6 Ma	Nur Fragmente	
Hypacrosaurus stebingeri	Two Medicine Formation, USA	Oberkreide, vor 74,4 Ma	Nur Fragmente	
Triceratops horridus	Hell Creek Formation, USA	Oberkreide, vor 67 Ma	Weichgewebe, bislang ohne erhaltene DNS	
Tyrannosaurus rex	Hell Creek Formation, USA	Oberkreide, vor 66 Ma	2	-

Vögel:

Trivial-Name:	Wiss. Name:	Lebensraum:	Ausgestorben:	Verfügbares Material:	
				Proteine:	Nukleotide:
Hildebrandts Elefantenvogel	*Aepyornis hildebrandti*	Madagaskar	Holozän, ca. 1000 A.D.	13	1
Großer Elefantenvogel	*Aepyornis maximus*	Madagaskar	Holozän, ca. 1000 A.D.	143	13
Buschmoa	*Anomalopteryx didiformis*	Neuseeland	Holozän, ca. 1300 A.D.	Vollständig sequenziert	

Südinsel-Adzebill	*Aptornis defossor*	Neuseeland	Holozän, ca. 1300 A.D.	12	3
Nordinsel-Adzebill	*Aptornis otidiformis*	Neuseeland	Holozän, ca. 1300 A.D.	25	2
Kuba-Ara	*Ara tricolor*	Kuba	Holozän, ca. 1850 A.D.	39	3
Neuseeland-Lappenente	*Biziura delautouri*	Neuseeland	Holozän, ca. 1500 A.D.	13	1
Riesen-Hawaiigans	*Branta rhuax*	Hawaii	Holozän, ca. 1400 A.D.	3	5
Chatham-Ralle	*Cabalus modestus*	Neuseeland	Holozän, ca. 1400 A.D.	3	7
Liverpool-Taube	*Caloenas maculata*	Südpazifik	Holozän, ca. 1820 A.D.	26	5
Kaiserpecht	*Campephilus imperialis*	Mexiko	Holozän, ca. 2005 A.D.	39	15
Labradorente	*Camptorhynchus labradorius*	Nordamerika	Holozän, ca. 1878 A.D.	1	2
Schmalfedermoho	*Chaetoptila angustipluma*	Hawaii	Holozän, ca. 1859 A.D.	3	3
Finschs Ente	*Chenonetta finschi*	Neuseeland	Holozän, ca. 1400 A.D.	26	2
Neuseeland-Gans	*Cnemiornis gracilis*	Neuseeland	Holozän, ca. 1400 A.D.	13	1
Silberband-Taube	*Columba jouyi*	Ryūkyū-Inseln	Holozän, ca. 1936 A.D.	26	2
Karolinasittich	*Conuropsis carolinensis*	Nordamerika	Holozän, ca. 1927 A.D.	Vollständig sequenziert	
Pleistozäner Schwarzgeier	*Coragyps occidentalis*	Nordamerika	Holozän, ca. 8000 B.C.	Nur Fragmente.	
Nordinsel-Riesenmoa	*Dinornis novaezealandiae*	Neuseeland	Holozän, ca. 1400 A.D.	29	55
Großer Buschmoa	*Dinornis novaezealandiae*	Neuseeland	Holozän, ca. 1400 A.D.	38	63
Südinsel-Riesenmoa	*Dinornis robustus*	Neuseeland	Holozän, ca. 1400 A.D.	92	280
Schlanker Buschmoa	*Dinornis struthoides*	Neuseeland	Holozän, ca. 1400 A.D.	8	30
Wandertaube	*Ectopistes migratorius*	Nordamerika	Holozän, ca. 1914 A.D.	Vollständig sequenziert	

Östlicher Moa	*Emeus crassus*	Neuseeland	Holozän, ca. 1400 A.D.	648	207
Chatham-Pinguin	*Eudyptes warhami*	Neuseeland	Holozän, ca. 1700 A.D.	34	15
Breitschnabel-Moa	*Euryapteryx curtus*	Neuseeland	Holozän, ca. 1400 A.D.	3	301
Küstenmoa	*Euryapteryx gravis*	Neuseeland	Holozän, ca. 1400 A.D.	0	2
Maskarenen-Blässhuhn	*Fulica chathamensis*	Maskarenen	Holozän, ca. 1700 A.D.	0	1
Wake-Ralle	*Gallirallus pendiculentus*	Wake Island	Holozän, ca. 1945 A.D	0	2
Mangaia-Ralle	*Gallirallus ripleyi*	Mangaia	Holozän, ca. 1470 A.D.	1	3
Saipan-Ralle	*Gallirallus temptatus*	Saipan	Holozän, vor 1800 A.D.	0	1
Haastadler	*Harpagornis moorei*	Neuseeland	Holozän, ca. 1400 A.D.	15	3
Huia; Lappenhopf	*Heteralocha acutirostris*	Neuseeland	Holozän, ca. 1907 A.D.	31	30
Dieffenbach-Ralle	*Hypotaenidia dieffenbachia*	Pitt Island, Mangare	Holozän, ca. 1872 A.D.	1	3
Schwarzrücken-Zwergdommel	*Ixobrychus novaezelandiae*	Neuseeland, Chatham-Inseln	Holozän, ca. 1890 A.D.	13	1
Scarletts Ente	*Malacorhynchus scarletti*	Neuseeland	Holozän, ca. 1400 A.D.	13	1
Richdales Gelbaugenpinguin	*Megadyptes antipodes richdalei*	Neuseeland	Holozän, ca. 1400 A.D.	26	7
Waitaha-Pinguin	*Megadyptes waitaha*	Neuseeland	Holozän, ca. 1400 A.D.	33	37
Benhams Moa	*Megalapteryx benhami*	Neuseeland	Holozän, ca. 1400 A.D.	9	10
Hochlandmoa	*Megalapteryx didinus*	Neuseeland	Holozän, ca. 1400 A.D.	20	62
Krausschwanz-Moho	*Moho apicalis*	Hawaii	Holozän, ca. 1837 A.D.	2	4

Ohrbüschel-Moho	*Moho bishopi*	Hawaii	Holozän, ca. 1904 A.D.	4	5
Schuppen-kehlmoho	*Moho bracca-tus*	Hawaii	Holozän, ca. 1987 A.D.	27	4
Prachtmoho	*Moho nobilis*	Hawaii	Holozän, ca. 1934 A.D.	16	19
Elefantenvogel	*Mullerornis agilis*	Madagas-kar	Holozän, ca. 1300 A.D.	16	3
Elefantenvogel	*Mullerornis modestus*	Madagas-kar	Holozän, ca. 1300 A.D.	80	6
Aldabra-Spöt-ter	*Nesillas aldabrana*	Seychellen	Holozän, ca. 1994 A.D.	1	1
Chatham-Kaka	*Nestor chathamensis*	Chatham-Inseln	Holozän, ca. 1700 A.D.	0	2
Chatham-Ente	*Pachyanas chathamica*	Chatham-Inseln	Holozän, ca. 1700 A.D.	13	1
Kamm-Moa	*Pachyornis australis*	Neusee-land	Holozän, ca. 1500 A.D.	30	39
Schwerfuß-Moa	*Pachyornis elephantopus*	Neusee-land	Holozän, ca. 1400 A.D.	48	113
Mantells Moa	*Pachyornis geranoides*	Neusee-land	Holozän, ca. 1400 A.D.	59	83
Mappins Moa	*Pachyornis mappini*	Neusee-land	Holozän, ca. 1400 A.D.	33	88
Südinsel-Stummel-schwanz	*Pachyplichas yaldwyni*	Neusee-land	Holozän, ca. 1400 A.D.	12	1
Makirataube	*Pampusana salamonis*	Salomonen	Holozän, ca. 1927 A.D.	26	2
Rodrigues-So-litär	*Pezophaps so-litaria*	Rodrigues	Holozän, ca. 1760 A.D.	14	3
Riesenalk	*Pinguinus impennis*	Nordatlan-tische In-seln	Holozän, ca. 1852 A.D.	576	45
Paradiessittich	*Psephotellus pulcherrimus*	Australien	Holozän, ca. 1927 A.D.	26	2
Rodrigues-Sit-tich	*Psittacula exsul*	Rodrigues	Holozän, ca. 1875 A.D.	1	1
St. Helena-Rie-sensturmvogel	*Pterodroma rupinarum*	St. Helena	Holozän, ca. 1502 A.D.	1	1
St. Helena-Sturmtaucher	*Puffinus ol-soni*	St. Helena	Pleistozän, ca. 12.000 B.C.	1	1

Scarletts Sturmtaucher	*Puffinus spelaeus*	Neuseeland	Holozän, ca. 1400 A.D.	4	4
Dronte (Dodo)	*Raphus cucullatus*	Mauritius	Holozän, ca. 1662 A.D.	28	4
Weißwangenkauz	*Sceloglaux albifacies*	Neuseeland	Holozän, ca. 1960 A.D.	13	1
Maui Nui Moa-Nalo	*Thambetochen chauliodous*	Hawaii	Holozän, ca. 1300 A.D.	2	5
Neuseeländisches Pfuhlhuhn	*Tribonyx hodgenorum*	Neuseeland	Holozän, ca. 1750 A.D.	26	2
Südinsel-Piopio	*Turnagra capensis*	Neuseeland	Holozän, ca. 1963 A.D.	52	18

Säugetiere:

Trivial-Name:	Wiss. Name:	Lebensraum:	Ausgestorben:	Verfügbares Material:	
				Proteine:	Nukleotide:
Karibisches Riesenfaultier	*Acratocnus ye*	Karibische Inseln	Holozän, ca. 4000 B.C.	28	2
Direwolf	*Aenocyon dirus*	Nordamerika	Pleistozän, ca. 10.000 B.C.	Vollständig sequenziert	
Kleine Antillen-Reisratte	*Antillomys rayi*	Kleine Antillen	Holozän, ca. 1550 A.D.	2	2
Riesenlemur	*Archaeolemur edwardsi*	Madagaskar	Holozän, ca. 1290 A.D.	1	1
Riesenlemur	*Archaeolemur majori*	Madagaskar	Holozän, ca. 1290 A.D.	2	3
Kurznasenbär	*Arctodus simus*	Nordamerika	Pleistozän, ca. 10.000 B.C.	452	35
Kurznasenbär	*Arctotherium sp.*	Südamerika	Holozän, ca. 8.000 B.C.	29	9
Wüsten-Bürstenrattenkänguru	*Bettongia anhydra*	Australien	Holozän, ca. 1960 A.D.	1	2

Nordamerikanischer Ur-Bison	*Bison antiquus*	Nordamerika	Pleistozän, ca. 10.000 B.C.	0	1
Steppenbison	*Bison priscus*	Eurasien und Nordamerika	Holozän, ca. 8.000 B.C.	779	417
Pleistozänes Waldbison	*Bison schoetensacki*	Eurasien	Pleistozän, vor 0,1 Ma.	26	2
Helm-Moschusochse	*Bootherium bombifrons*	Nordamerika	Pleistozän, ca. 10.000 B.C	117	9
Große Kuba-Stachelratte	*Boromys offella*	Kuba	Holozän, ca. 1500 A.D.	0	2
Hispaniola-Stachelratte	*Brotomys voratus*	Hispaniola	Holozän, ca. 1600 A.D.	13	5
Nacktbrust-Känguru	*Caloprymnus campestris*	Australien	Holozän, ca. 1935 A.D.	1	5
Riesenkamel	*Camelops hesternus*	Nordamerika	Pleistozän, ca. 12.000 B.C	39	3
Eurasisches Kammel; Knobloch-Kamel	*Camelus knoblochi*	Eurasien	Pleistozän, ca. 10.000 B.C	105	8
Honshū-Wolf	*Canis lupus hodophilax*	Japan	Holozän, ca. 1905 A.D.	25	93
Mongolischer Bergwolf	*Canis lupus mogollonensis*	Mongolei	Holozän, ca. 1935 A.D.	13 vollständige Gene	
Prärie-Wolf	*Canis lupus nubilus*	Nordamerika	Holozän, ca. 1926 A.D.	Vollständig sequenziert	
Florida-Rotwolf	*Canis rufus floridanus*	Nordamerika	Holozän, ca. 1910 A.D.	Vollständig sequenziert	
Riesenbiber	*Castoroides ohioensis*	Nordamerika	Pleistozän, ca. 12.000 B.C	0	1
Stützbeutler	*Chaeropus ecaudatus*	Australien	Holozän, ca. 1945 A.D.	2	6

Wollnashorn	*Coelodonta antiquitatis*	Eurasien	Pleistozän, ca. 10.000 B.C	Vollständig sequenziert	
Weißfuß-Kaninchenratte	*Conilurus albipes*	Australien	Holozän, ca. 1845 A.D.	Vollständig sequenziert	
Höhlenhyäne	*Crocuta crocuta spelaea*	Eurasien	Pleistozän, ca. 20.000 B.C	261	34
Langnasen-Gürteltier	*Dasypus bellus*	Amerika	Pleistozän, ca. 10.000 B.C	0	4
Riesengürteltier	*Doedicurus clavicaudatus*	Amerika	Holozän, ca. 6.000 B.C	14	1
Falkland-Fuchs	*Dusicyon australis*	Falkland-Inseln	Holozän, ca. 1876 A.D.	8	10
Burmeister-Fuchs	*Dusicyon avus*	Südamerika	Holozän, ca. 1500 A.D.	18	12
Riesenbaumratte	*Elasmodontomys obliquus*	Karibische Inseln	Holozän, ca. 1500 A.D.	13	6
Sibirisches Einhorn	*Elasmotherium sibiricum*	Eurasien	Pleistozän, ca. 37.000 B.C.	52	4
Europäischer Waldelefant	*Elephas antiquus*	Eurasien	Pleistozän, ca. 31.000 B.C.	79	7
Sizilianischer Zwergelefant	*Elephas antiquus falconeri*	Sizilien	Pleistozän, Vor 0,2 Ma	1	1
Syrischer Elefant	*Elephas maximus asurus*	Vorder- und Mittelasien	Holozän, ca. 700 B.C	1	1
Großes Kap-Zebra	*Equus capensis*	Südafrika	Pleistozän, ca. 12.000 B.C	2	6
Dalai-Wildpferd	*Equus dalianensis*	Nordostchina	Pleistozän, ca. 10.000 B.C	104	8
Syrischer Halbesel	*Equus hemionus hemippus*	Vorderasien	Holozän, ca. 1927 A.D.	52	9

Europäischer Wildesel	*Equus hydruntinus*	Eurasien, evtl. Afrika	Holozän, ca. 2300 B.C.	26	27
Yukon-Wild-pferd	*Equus lambei*	Nordame-rika	Pleistozän, ca. 10.000 B.C.	26	2
Südamerika-nisches Wildpferd	*Equus neogeus*	Südame-rika	Pleistozän, ca. 10.000 B.C.	1	3
Wildpferd	*Equus ovodovi*	Asien	Holozän, ca. 1900 B.C.	39	3
Quagga	*Equus quagga quagga*	Afrika	Holozän, ca. 1883 A.D.	39	3
Wildpferd	*Equus scotti*	Nordame-rika	Pleistozän, ca. 10.000 B.C.	Nur Frag-mente	
Kuba-Ferkel-ratte	*Geocapromys columbianus*	Kuba	Holozän, ca. 1500 A.D.	0	1
Riesenfaul-tier	*Glossotherium robustum*	Südame-rika	Holozän, ca. 8.000 B.C.	2	0
Riesengür-teltier	*Glyptodon sp.*	Nord- und Südame-rika	Pleistozän, ca. 10.000 B.C.	2	0
Riesenlemur	*Hadropithecus stenognathus*	Madagas-kar	Holozän, ca. 1000 A.D.	1	1
Urpferd	*Harington-hippus francisci*	Nordame-rika	Pleistozän, ca. 10.000 B.C.	469	49
Urpferd	*Hippidion devil-lei*	Südame-rika	Pleistozän, ca. 10.000 B.C.	0	5
Urpferd	*Hippidion prin-cipale*	Südame-rika	Pleistozän, ca. 10.000 B.C.	13	1
Urpferd	*Hippidion sal-diasi*	Südame-rika	Pleistozän, ca. 10.000 B.C.	67	16
Zyprisches Zwergfluss-pferd	*Hippopotamus minor*	Zypern	Pleistozän, ca. 10.000 B.C.	Nur Frag-mente	

Blaubock	*Hippotragus leucophaeus*	Südafrika	Holozän, ca. 1800 A.D.	Vollständig sequenziert	
Heidelberg-Mensch	*Homo heidelbergensis*	Eurasien, Ostafrika	Pleistozän, vor 0,2 Ma	4	26
Neandertaler	*Homo neanderthalensis*	Europa, Vorderasien	Pleistozän, ca. 40.000 B.C.	Vollständig sequenziert	
Denisova-Mensch	*Homo juluensis (?)*	Asien	Pleistozän, ca. 20.000 B.C.	104	8
Säbelzahnkatze	*Homotherium latidens*	Eurasien	Pleistozän, ca. 10.000 B.C.	36	3
Säbelzahnkatze	*Homotherium serum*	Nordamerika	Pleistozän, ca. 10.000 B.C.	3	4
Stellersche Seekuh	*Hydrodamalis gigas*	Nördlicher Pazifik	Holozän, ca. 1768 A.D.	Vollständig sequenziert	
Balearen-Riesenratte	*Hypnomys morpheus*	Balearische Inseln	Holozän, ca. 2.000 B.C.	1	3
Englische Wühlmaus	*Lasiopodomys anglicus*	Großbritannien	Pleistozän, ca. 10.000 B.C	1.383	106
Kleine Häschenratte	*Leporillus apicalis*	Australien	Holozän, ca. 1933 A.D.	Nur Fragmente	
Totes-Meer-Mähnenratte	*Lophiomys imhausi maremortum*	Levante	Pleistozän, ca. 50.000 B.C	13	1
Japanischer Otter	*Lutra nippon*	Japan	Holozän, ca. 1979 A.D.	1	1
Südamerikanisches Huftier	*Macrauchenia patachonica*	Südamerika	Pleistozän, ca. 10.000 B.C.	13	1
Kaninchennasenbeutler	*Macrotis leucura*	Australien	Holozän, ca. 1931 A.D.	0	1
Kanarische Lavamaus	*Malpaisomys insularis*	Fuerteventura, Lanzarote	Holozän, A.D.	5	5

Amerikanisches Mastodon	*Mammut americanum*	Nordamerika	Pleistozän, ca. 10.000 B.C.	497	69
Präriemammut	*Mammuthus columbi*	Nordamerika	Pleistozän, ca. 10.000 B.C.	195	17
Zwergmammut	*Mammuthus exilis*	Kalifornische Kanalinseln	Pleistozän, ca. 10.000 B.C.	13	1
Jeffersons Mammut	*Mammuthus jeffersonii (?)*	Nordamerika	Pleistozän, ca. 10.000 B.C.	26	2
Wollhaarmammut	*Mammuthus primigenius*	Eurasien, Nordamerika	Holozän, ca. 4.000 B.C.	Vollständig sequenziert	
Riesenlemur	*Megaladapis edwardsi*	Madagaskar	Holozän, ca. 1500 A.D.	27	4
Europäischer Riesenhirsch	*Megaloceros giganteus*	Eurasien	Holozän, ca. 5.600 B.C.	276	40
Martinique-Moschusratte	*Megalomys desmarestii*	Martinique (Karibik)	Holozän, ca. 1902 A.D.	13	1
Saint Lucia-Riesenreisratte	*Megalomys luciae*	Saint Lucia (Karibik)	Holozän, ca. 1881 A.D.	1	1
Riesenfaultier	*Megalonyx jeffersonii*	Nordamerika	Pleistozän, ca. 10.000 B.C.	28	2
Riesenfaultier	*Megatherium americanum*	Südamerika	Pleistozän, ca. 10.000 B.C.	67	5
Amerikanischer Gepard	*Miracinonyx trumani*	Nordamerika	Pleistozän, ca. 14.000 B.C.	3	6
Riesenfaultier	*Mylodon darwinii*	Südamerika	Holozän, ca. 8.000 B.C.	65	44
Balearische Höhlenziege	*Myotragus balearicus*	Balearische Inseln	Holozän, ca. 1.800 B.C.	186	19
Riesenfaultier	*Neocnus comes*	Kuba und Haiti	Holozän, ca. 3.000 B.C.	3	2
Riesenfaultier	*Neocnus dousman*	Kuba und Haiti	Holozän, ca. 3.000 B.C.	2	0

Karibische Mönchs-robbe	*Neomonachus tropicalis*	Karibik	Holozän, ca. 1952 A.D.	28	4
Korsische Spitzmaus	*Nesiotites hi-dalgo*	Korsika	Holozän, ca. 500 B.C.	13	1
Riesengür-teltier	*Neuryurus ru-dis*	Südame-rika	Holozän, ca. 7.000 B.C.	13	1
Östliches Irmawallaby	*Notamacropus greyi*	Australien	Holozän, ca. 1937 A.D.	1	2
Riesenfaul-tier	*Nothrotheriops shastensis*	Nordame-rika	Pleistozän, ca. 10.000 B.C.	30	8
Mastodon	*Notiomastodon platensis*	Südame-rika	Pleistozän, ca. 10.000 B.C	0	6
Kurz-schwanz-Hüpfmaus	*Notomys amplus*	Australien	Holozän, ca. 1896 A.D.	Sequenzie-rung läuft	
Lang-schwanz-Hüpfmaus	*Notomys longi-caudatus*	Australien	Holozän, ca. 1977 A.D.	Sequenzie-rung läuft	
Großohr-Hüpfmaus	*Notomys macrotis*	Australien	Holozän, ca. 1843 A.D.	Sequenzie-rung läuft	
Harringtons Bergziege	*Oreamnos har-ringtoni*	Nordame-rika	Pleistozän, ca. 10.000 B.C.	1	2
Riesenlemur	*Pachylemur jul-lyi*	Madagas-kar	Holozän, ca. 1500 A.D.	11	1
Altelefant	*Palaeoloxodon sp.*	Eurasien	Holozän, ca. 2.000 B.C.	13	1
Pygmäen-Elefant	*Palaeoloxodon cypriotes*	Zypern	Pleistozän, ca. 12.000 B.C.	1	1
Riesenlemur	*Palaeopro-pithecus ingens*	Madagas-kar	Holozän, ca. 1500 A.D.	0	12
Riesenlemur	*Palaeopro-pithecus maxi-mus*	Madagas-kar	Holozän, ca. 1500 A.D.	26	2

Amerikanischer Löwe	*Panthera atrox*	Nordamerika	Pleistozän, ca. 10.000 B.C.	146	18
Patagonischer Jaguar	*Panthera onca mesembrina*	Südamerika	Holozän, ca. 4.000 B.C.	11	21
Höhlenlöwe	*Panthera spelaea*	Eurasien	Pleistozän, ca. 10.000 B.C.	554	153
Kaspischer Tiger	*Panthera tigris virgata*	Zentralasien	Holozän, ca. 1990 A.D.	Vollständig sequenziert	
Riesenfaultier	*Paramylodon harlani*	Südamerika	Pleistozän, ca. 10.000 B.C.	2	0
Karibik-Riesenfaultier	*Parocnus serus*	Kuba, Hispaniola	Pleistozän, ca. 12.000 B.C.	28	2
Karibische Reisratte	*Pennatomys nivalis*	Westliche Karibikinseln	Holozän, ca. 1930 A.D.	4	4
Flachschädel-Pekari	*Platygonus compressus*	Amerika	Pleistozän, ca. 10.000 B.C.	135	11
Breitkopfkänguru	*Potorous platyops*	Australien	Holozän, ca. 1875 A.D.	1	2
Sardischer Pfeifhase	*Prolagus sardus*	Sardinien	Holozän, ca. 1800 A.D.	Sequenzierung läuft	
Riesenkänguru	*Protemnodon anak*	Australien	Pleistozän, ca. 10.000 B.C.	13	1
Maclear-Ratte	*Rattus macleari*	Weihnachtsinsel	Holozän, ca. 1903 A.D.	Vollständig sequenziert	
Weihnachtsinsel-Ratte	*Rattus nativitatis*	Weihnachtsinsel	Holozän, ca. 1903 A.D.	2	3
Riesenfaultier	*Scelidodon sp.*	Südamerika	Holozän, ca. 7.000 B.C.	2	0
Riesenfaultier	*Scelidotherium sp.*	Südamerika	Pleistozän, ca. 10.000 B.C.	2	0
Riesenkänguru	*Simosthenurus occidentalis*	Australien	Pleistozän, ca. 10.000 B.C.	13	1

Riesenhirsch	*Sinomegaceros ordosianus*	Zentral- und Ostasien	Pleistozän, ca. 20.000 B.C.	13	2
Riesenhirsch	*Sinomegaceros pachyosteus*	Zentral- und Ostasien	Pleistozän, ca. 20.000 B.C.	26	2
Säbelzahnkatze	*Smilodon fatalis*	Nordamerika	Pleistozän, ca. 10.000 B.C.	1	1
Säbelzahnkatze	*Smilodon populator*	Südamerika	Pleistozän, ca. 6.200 B.C.	21	11
Waldnashorn	*Stephanorhinus kirchbergensis*	Eurasien	Pleistozän, ca. 12.000 B.C.	25	2
Beutelwolf; Tasmanischer Tiger	*Thylacinus cynocephalus*	Australien, Tasmanien	Holozän, ca. 1936 A.D.	Vollständig sequenziert	
Südamerikanisches Huftier	*Toxodon sp.*	Südamerika	Pleistozän, ca. 10.000 B.C.	2	0
Ur-Höhlenbär	*Ursus deningeri*	Eurasien	Pleistozän, vor ca. 0,1 Ma	13	1
Gamssulzen-Bär	*Ursus ingressus*	Mitteleuropa	Pleistozän, ca. 30.000 B.C.	64	125
Ural-Bär	*Ursus kanivetz*	Uralregion	Pleistozän, ca. 25.000 B.C.	13	1
Kaukasischer Höhlenbär	*Ursus kudarensis*	Kaukasus	Pleistozän, vor ca. 0,1 Ma	39	11
Steppenbär	*Ursus rossicus*	Eurasien	Pleistozän, ca. 25.000 B.C.	13	3
Eurasischer Höhlenbär	*Ursus spelaeus*	Eurasien	Pleistozän, ca. 22.000 B.C.	825	750
Jamaika-Affe	*Xenothrix mcgregori*	Jamaika	Holozän, ca. 1050 A.D.	13	19
Japanischer Seelöwe	*Zalophus japonicus*	Japanisches Meer	Holozän, ca. 1951 A.D.	12	41

Zur Erklärung: Die Anzahl der Nukleotide (also die Länge der sequenzierten DNS in Basenpaaren) zeigt, wie vollständig das sequenzierte Genom ist. Je höher der Wert, umso besser sind die genetischen Informationen entschlüsselt. Die Anzahl der Proteine wiederum gibt an, ob aus der DNS auch funktionelle Einheiten rekonstruiert wurden, wie gut die bioinformatische Analyse bereits vorangeschritten ist und ob auf dieser Basis schon Vergleiche mit lebenden Verwandten gemacht werden können, was besonders für die Bearbeitung mit der Genschere von Bedeutung ist.

Die Daten stammen vom National Center for Biotechnology Information (NCBI): Extinct organisms. NCBI Taxonomy Browser. U.S. National Library of Medicine, https://www.ncbi.nlm.nih.gov/Taxonomy/taxonomyhome.html/index.cgi?chapter=extinct, aufgerufen am 24. April 2025.

Zukünftige wahrscheinliche Extinktions-Programme:

Vögel:

- **Karolinasittich (*Conuropsis carolinensis*)**: Einer der wenigen in den USA heimischen Papageien, ausgestorben durch Lebensraumzerstörung, Konkurrenz mit eingeführten Honigbienen und Verfolgung als Ernteschädling. Da viele Museumsexemplare mit brauchbarer DNA existieren und das vollständige Genom 2019 sequenziert wurde, ist er ein geeigneter Kandidat für eine zukünftige De-Extinktion. Programme zu seiner Wiedererschaffung gibt es derzeit aber nicht.
- **Riesenalk (*Pinguinus impennis*)**: Ein flugunfähiger Vogel des Nordatlantiks, optisch ähnlich den Pinguinen der Südhalbkugel. Er wurde im 19. Jahrhundert durch Überbejagung ausgerottet. Sowohl Revive & Restore als auch Colossal Biosciences haben die Absicht geäußert, ihn über Genomveränderung seines nächsten Verwandten, des Tordalks (*Alca torda*), zurückzubringen.

- **Kaiserspecht (*Campephilus imperialis*)**: Der größte bekannte Specht der Welt, endemisch in Mexiko, vermutlich seit 1956 ausgestorben. Mexiko hat Pläne für Naturschutz oder De-Extinktion, falls er doch wiederentdeckt wird.
- **Huia (*Heteralocha acutirostris*)**: Ein Singvogel Neuseelands, ausgestorben 1907. 1999 schlugen Schüler der Hastings Boys' High School die Wiederbelebung des Huia, des Emblems ihrer Schule, durch Klonen vor. Der Ngāti-Huia-Stamm stimmte der Idee zu, und der Prozess der Wiederbelebung sollte an der University of Otago mit einer Finanzierung von 100.000 US-Dollar durch ein in Kalifornien ansässiges Internet-Start-up durchgeführt werden. Aufgrund des schlechten Zustands der DNA in den Museumsexemplaren konnte jedoch kein vollständiges Genom erstellt werden, was den Wiederbelebungsversuch scheitern ließ. Eine mögliche Fortsetzung des Projekts ist dennoch zu einem gewissen Grad wahrscheinlich.

Säugetiere:

- **Blaubock (*Hippotragus leucophaeus*)**: Eine südafrikanische Antilopenart, die um 1800 ausgerottet wurde. 2024 wurde das nukleare Genom der Art von der Universität Potsdam und Colossal Biosciences sequenziert. Colossal hat Interesse bekundet, die Art in absehbarer Zeit wiederzubeleben.

- **Pyrenäensteinbock (*Capra pyrenaica pyrenaica*)**: 2003 wurde bereits ein Klon („Bucardo") erzeugt, der kurz nach der Geburt starb. Zehn Jahre später startete die Aragonische Jagdföderation in Zusammenarbeit mit dem CITA (Zentrum für Forschung und Lebensmitteltechnologie von Aragón) einen zweiten Versuch, die Unterart möglicherweise wiederzubeleben, indem sie überprüften, ob Celias eingefrorene Zellen noch für zukünftige Klonversuche geeignet sind. Bis April 2025 wurden jedoch keine weiteren Stellungnahmen zu diesem Projekt veröffentlicht.
- **Steppenbison (*Bos antiquus*)**: Die Vorläuferart des heutigen amerikanischen Bisons, im Pleistozän von Westeuropa bis nach Ostberingia in Nordamerika verbreitet. Ein mumifiziertes 9.000 Jahre altes Exemplar sowie DNS aus einem 8.000 Jahre alten Schwanzstück könnten das nötige Erbgut liefern, um es in einem Waldbison als Leihmutter zurückzubringen. Russische und koreanische Wissenschaftler haben bereits Interesse daran bekundet.
- **Riesenbiber (*Castoroides ohioensis*)**: Eine Biberart, groß wie ein Schwarzbär, die während des Pleistozäns in Nordamerika heimisch war. Beth Shapiro von Colossal Biosciences hat Interesse bekundet, den Riesenbiber wiederzubeleben.
- **Wollnashorn (*Coelodonta antiquitatis*)**: Eine Nashornart, die während des Pleistozäns in Nordeuropa und Nordasien heimisch war, verschwand am Ende des Pleistozäns. Im November 2023 gelang es Wissenschaftlern, das Genom des Wollnashorns aus Knochensplittern in subfossilem Hyänenkot zu sequenzieren, zusätzlich zu existierenden mumifizierten Exemplaren. Bislang ist konkret noch kein De-Extinktionsprojekt geplant, da es sich aber um ein ikonisches Eiszeit-Tier handelt, ist das wohl lediglich noch eine Frage der Zeit.

- **Höhlenlöwe (*Panthera spelaea*)**: Eine der größten bekannten Großkatzen, verwandt mit dem modernen Löwen. War im Pleistozän im gesamten Holarktisraum verbreitet und starb vor 14.000–15.000 Jahren aus. Die Entdeckung gut erhaltener Jungtiere in der Republik Sacha (Russland), inklusive gut erhaltener Zellkerne, brachte ein Projekt zur De-Extinktion auf den Weg.
- **Säbelzahnkatze (*Homotherium latidens*)**: 2020 wurde ein mumifiziertes Jungtier von *Homotherium latidens* in Jakutien, Russland, entdeckt. Die größte Herausforderung bei der Wiederbelebung einer Säbelzahnkatze ist aber nach wie vor noch ihre zu große genetische Distanz zu heutigen Großkatzen wie Tigern oder Löwen. De-Extinktionsprogramme laufen derzeit nicht, obwohl in den Medien immer wieder auch von der Rückkehr des „Säbelzahntigers" berichtet wird.
- **Kurznasenbär (*Arctodus simus*)**: Eine Gattung räuberischer Großbären, die während des Pleistozäns in Nordamerika heimisch war. Beth Shapiro von Colossal Biosciences hat Interesse bekundet, einen Kurznasenbären wiederzubeleben.

Insekten:

- **Xerces-Bläuling (*Glaucopsyche xerces*)**: Eine Schmetterlingsart, die im Sunset District von San Francisco im US-Bundesstaat Kalifornien heimisch war. Es wird angenommen, dass die Art Anfang der 1940er-Jahre aufgrund der Urbanisierung ihres ursprünglichen Lebensraums ausgestorben ist. Ähnliche Arten wie *Glaucopsyche lygdamus* und der Palos-Verdes-Bläuling wurden in das ehemalige Verbreitungsgebiet des Xerces-Bläulings eingeführt, um seine ökologische Rolle zu übernehmen. Am 15. April 2024 gab die gemeinnützige Organisation Revive & Restore bekannt, dass sie sich in der frühen Phase der Planung befindet, die Art wiederzubeleben.

Aufgrund der medialen Resonanz auf die angeblich wiedererschaffenen Direwölfe ist in der nächsten Zeit wohl eine wahre Flut an neuen De-Extinktions-Programmen zu weiteren ausgestorbenen Tieren zu erwarten. Die bislang gemachten Ankündigungen von Colossal Biosciences lassen aber erkennen, dass es dabei zumeist weniger darum geht, sich zuerst die Tiere mit der größten Erfolgschance vorzuknöpfen, deren Genome bereits vorliegen oder die noch enge lebende Verwandte haben, was eine erfolgreiche De-Extinktion sehr viel wahrscheinlicher machen würde. Es geht wohl auch nicht um den tatsächlichen ökologischen Nutzen, den manche mögliche Kandidaten eher mitbringen könnten als andere. Vielmehr sind ausschließlich solche Tiere im Gespräch, die eine gewisse Popularität und Bekanntheit genießen. Das lässt weit blicken, worum es den kommerziellen Betreibern der De-Extinktion eigentlich geht.

Weitere große Erfolge der De-Extinktion

War es das nun aber schon? Ein paar ausgestorbene Gene in Przewalski-Pferden und Schwarzfußiltissen ... Dann noch die rückgezüchteten Auerochsen, Quaggas, brasilianischen Jagdhunde und eine Galapagos-Riesenschildkröte ... Oder die Direwölfe, die eigentlich gar keine sind ... Und nicht zuletzt einen kurz nach seiner Geburt schon wieder verendeten Pyrenäensteinbock. Soll das aber wirklich die ganze nüchterne Bilanz der bisherigen De-Extinktion sein?

Einerseits ist sie das tatsächlich, ja. Weiter sind wir noch nicht. Und auch wenn viele der hier vorgestellten Ansätze interessant und der technologische Fortschritt der letzten Jahrzehnte wirklich beeindruckend sind, müssen wir am Ende dieses Kapitels festhalten, dass auf unserer Erde bislang kein einziges Tier lebt, das wirklich der Definition von De-Extinktion entspricht. So sieht es auch die IUCN. Was die Zukunft bringt, kann natürlich niemand präzise voraussagen. Aber wir können die Dinge nun einer gewissen Wahrscheinlichkeit zuordnen, und ich möchte es dabei meinen Leserinnen und Lesern selbst überlassen, wie sie das nach der hier vorgestellten Lektüre tun.

Andererseits gibt es aber doch noch einige Erfolge, die man beim Thema De-Extinktion durchaus erwähnen kann. Im Reich der Pflanzen gibt es nämlich doch noch etwas, was einst ausgestorben war, doch heute wieder lebt!

Die judäische Dattelpalme und ein geheimnisvolles Kraut aus der Bibel

Die judäische Dattelpalme (*Phoenix dactylifera*) ist eine Palmenart, die einst in der Levante heimisch war und schätzungsweise um das 15. Jahrhundert durch Klimawandel und menschliche Aktivitäten in der Region ausgestorben ist. In den 1960er Jahren kamen bei einer archäologischen Ausgrabung im Palast von Herodes dem Großen einige viele Jahrhunderte alte Samen ans Tageslicht. 2005 machte sich ein Team um Sarah Sallon daran, einige dieser antiken Samen wieder zum Keimen zu bringen.

Mithilfe eines gewöhnlichen Flaschenwärmers für Babynuckelflaschen, etwas handelsüblichen Düngers und Wachstumshormonen geschah das Unglaubliche: Sie keimten! Die erste gezogene Pflanze wurde Methusalem genannt, nach dem ältesten Menschen in der Bibel. 2012 gab es Pläne, die männliche Palme mit ihrer als nächstverwandt angesehenen Art, der Hayani-Dattelpalme aus Ägypten, zu kreuzen, um bis 2022 Früchte zu erzeugen. Inzwischen sind auch noch zwei weibliche judäische Dattelpalmen gekeimt. Bereits 2015 hatte Methusalem Pollen produziert, mit dem erfolgreich weibliche Dattelpalmen bestäubt wurden. Im Juni 2021 brachte eine der weiblichen Pflanzen, genannt Hannah, Datteln hervor. Die geernteten Früchte werden derzeit auf ihre Eigenschaften und ihren Nährwert untersucht. Die wiederbelebten jüdischen Dattelpalmen befinden sich derzeit in einem Kibbuz in Ketura (Israel). Wenn man so will, steht dort also der erste „echte" Jurassic Park.

Sarah Sallon hat auch noch einen weiteren möglichen Fall einer echten De-Extinktion vorzuweisen: Im Jahr 2010 gelang es ihr, einen Samen zum Keimen zu bringen, der 1986 bei Ausgrabungen in einer Höhle in der nördlichen judäischen Wüste gefunden worden war. Die daraus hervorgegangene Pflanze erhielt den Namen Sheba und erreichte 2024 die volle Reife. Fachleute vermuten, dass es sich um eine bislang unbekannte und in unserer Zeit längst ausgestorbene Art der Gattung *Commiphora* handelt. Viele glauben, dass *Sheba* möglicherweise identisch mit dem sagenumwobenen *Tsori* oder dem judäischen Balsam ist, also einer Myrrhe-Pflanze, der bereits in der Bibel heilende Kräfte zugeschrieben wurden.

York-Greiskraut

Das York-Greiskraut (*Senecio eboracensis*) wurde 1979 in York, England, erstmals entdeckt und zuletzt 1991 in freier Wildbahn gesehen. Eine Untersuchung der britischen Naturschutzbehörde Natural England kam zu dem Ergebnis, dass die Art bis zum Jahr 2000 unter anderem durch den Einsatz von Unkrautvernichtungsmitteln endgültig ausgerottet wurde. Glücklicherweise waren Samen im Rahmen des Millennium Seed Bank Project eingelagert worden. 2023 gelang es, diese erfolgreich zum Keimen zu bringen und die Pflanzen in ihrem ursprünglichen Lebensraum in York wieder anzusiedeln. Es war das erste Mal überhaupt, dass eine ausgestorbene Art in ihre Heimat zurückgebracht werden konnte.

Montreal-Melone

Die Montreal-Melone (*Cucumis melo*), auch bekannt als Montreal Market Muskmelon oder auf Französisch melon de Montréal, ist eine Melonensorte aus Kanada. Obwohl sie an der Ostküste Nordamerikas als besondere Delikatesse galt, verschwand sie in den 1920er Jahren infolge der zunehmenden Urbanisierung und ihrer schlechten Eignung für den industriellen Anbau. Seither galt sie als ausgestorben. Erst 1996 wurden in einem Saatgutarchiv im US-Bundesstaat Iowa alte Samen wiederentdeckt. Seitdem haben sich mehrere lokale Gärtner erfolgreich darum bemüht, die Montreal-Melone in ihrer ursprünglichen Heimat wieder anzusiedeln.

Wer also Lust hat, sich etwas schmecken zu lassen, was einst aus unserer Welt verschwunden und über lange Jahre ausgestorben war, kann also nicht nur judäische Datteln, sondern auch Montreal-Melonen probieren. Beide passen wahrscheinlich sogar hervorragend zusammen! Und vielleicht trösten einen diese Delikatessen darüber hinweg, dass die wiederbelebten Pflanzen noch keine tierischen Kollegen haben, bei denen die De-Extinktion erfolgreich war. Aber auch das war wieder nur eine Halbwahrheit. Denn tatsächlich gibt es zu den Melonen und Datteln noch eine tierische Beilage, die eventuell ein schmackhaftes De-Extinktionsmenü ergibt.

Laborfleisch mithilfe von De-Extinktion?

Eine Frikadelle aus Mammutfleisch! Oder besser gesagt: aus gezüchteten Zellen, die Mammut-Myoglobin enthalten. Kein Scherz: Eine ebensolche präsentierte 2023 das australische Unternehmen VOW im Wissenschaftsmuseum NEMO in Amsterdam. Entstanden war der sogenannte Mammoth Meatball, indem man Myoglobingenfragmente aus dem Mammutgenom in Schafszellen einschleuste, kleine Lücken mit Elefanten-DNS auffüllte und das

Ganze in Bioreaktoren wachsen ließ. Ziel der Aktion war, Aufmerksamkeit für Laborfleisch und nachhaltige sowie tierfreundliche Proteinquellen zu schaffen.

Dass hier wirklich echtes Mammutfleisch entstand, bezweifeln viele, und auf den Teller eines Feinschmecker-Restaurants wird der Mammutklops wohl nicht so schnell kommen, nicht zuletzt wegen fehlender Zulassungen und möglicher Allergierisiken. Es ging den Herstellern auch vor allem darum, Diskussionen über Klimawandel, nachhaltige Ernährung und die Zukunft der Fleischproduktion anzustoßen. Trotz bislang noch hoher Herstellungskosten könnte Laborfleisch, so hoffen die Initiatoren, langfristig eine umweltfreundlichere Alternative zur Viehzucht werden.

Wenn geklontes Laborfleisch aber wirklich eines nahen Tages als unbedenklich eingestuft wird, wird wohl auch schnell ein neuer Markt für die De-Extinktion entstehen. Ganz ehrlich: Welcher Urzeit-Fan würde sich nicht gerne mal eine Mammutfrikadelle schmecken lassen? Oder ein saftiges Steak von einem Steppenbison, noch dazu, weil diese Varianten völlig vegan und tierfreundlich sein würden? Auch wenn es sarkastisch klingen mag: Für die erfolgreiche Vermarktung von Laborfleisch „aus der Eiszeit" könnte es tatsächlich eine entsprechende Nachfrage geben. Vielleicht zieht Colossal Biosciences diese Möglichkeit sogar bereits in Betracht. Wenn es nämlich keinen Eiszeit- und erst recht keinen Jurassic Park auf die Beine stellen kann, wird ihnen über kurz oder lang vielleicht diese letzte Möglichkeit doch noch zum Profit verhelfen. Vielleicht sogar mit einer bekannten Fast-Food-Kette als Hauptabnehmer. Ich wünsche jedenfalls jetzt schon guten Appetit!

Der Appetit könnte manchem Leser aber bei den letzten beiden Kapiteln schnell wieder vergehen. Denn nun werden wir uns noch mit dem wirklich unangenehmen Teil der De-Extinktion befassen, nämlich den ethischen Aspekten, die mit ihr einhergehen, und die viele Menschen leider oft völlig ignorieren. Das geht schon bei der Frage los, wo die zurückgebrachten Urzeit-Wesen überhaupt leben sollen. Ihr wollen wir uns zunächst einmal widmen, denn sie ist wahrscheinlich eine der letzten (auch ethisch interessanten) Fragen, die wir auf wissenschaftlicher Basis noch beantworten können.

Kapitel 9
Wo könnten zurückgebrachte Urzeit-Tiere heute leben?

Bevor wir uns an die Überwindung der vielen wissenschaftlichen Hürden machen, ist es nicht nur aus ethischer Sicht wichtig, darüber nachzudenken, was man mit den zurückgebrachten Tieren eigentlich konkret anfangen will, wenn sie erst einmal da sind. Wo sollen sie leben? Und wo können sie überhaupt leben? Wer nur den Erschaffungsprozess im Blick hat, denkt viel zu kurzsichtig. Grund genug, sich einmal intensiv dieser wichtigen Frage zu widmen und für die neu erschaffenen Urzeit-Tiere eine Heimat auf unserer heutigen Erde zu finden. Machen wir uns auf die Suche!

Michael Crichton hat sich diese Frage in seinem Roman auch gestellt und für den Jurassic Park, eine Insel in den Tropen, die fiktionale Isla Nublar vor der Küste von Costa Rica, gewählt. Wahrscheinlich dachte er sich dabei, dass die Erde im Mesozoikum deutlich wärmer war als heute, und die Dinosaurier deshalb eine konstant warme Umgebung brauchen, um zu überleben. Vielleicht hat aber auch einfach das Stilmittel gepasst: Dinosaurier und abgelegene tropische Inseln gehören schließlich genauso untrennbar zusammen wie Bayern und Lederhosen oder Hamburg und Fischbrötchen. In einem der jüngeren Filme gibt es auf der Isla Nublar sogar einen Vulkan … Ich wollte es nur gesagt haben.

Wäre die Isla Nublar für Dinosaurier ein geeigneter Lebensraum?

Die Antwort ist überraschenderweise nein. Tatsächlich stammt nämlich keiner der auf Isla Nublar anzutreffenden Dinosaurier aus tropischen Breiten. Sie alle lebten nördlich des Wendekreises des Krebses und waren somit jahreszeitliche Wechsel gewohnt. Zwar gab es damals noch keine ähnlich großen saisonalen Temperaturschwankungen wie heute und auch nur in wenigen Teilen der Welt regelmäßig winterliche Schneefälle und Frost. Aber es hat durchaus auch schon im Mesozoikum Temperaturunterschiede zwischen den Jahreszeiten und auch deutliche Wechsel in der Tageslänge und der Niederschlagsmenge gegeben!

All das hat wahrscheinlich den Biorhythmus der Dinosaurier entscheidend beeinflusst, und auch ihr Verhalten geprägt. Wie viele Vögel und auch Säugetiere waren z. B. durch ihre Brunft- und Paarungszeiten vom jährlichen Wechsel abhängig. Manche waren mit Sicherheit auch Wandertiere, die sich zusammen mit den Jahreszeiten durch verschiedene Reviere bewegten. Einige könnten sich dazu am Magnetfeld der Erde, andere vielleicht auch an den Sternen orientiert haben. Wer sich Dinosaurier bislang als statische, echsenartige Kreaturen vorgestellt hat, dem sei gesagt: In Wirklichkeit waren es dynamische und komplexe Tiere, mit ganz unterschiedlichen Bedürfnissen.

Auf einer Tropeninsel in Costa Rica wären viele Umweltbedingungen das ganze Jahr über weitestgehend konstant. Das hätte wahrscheinlich allen im Film auftretenden Dinos nicht besonders zugesagt. Für die meisten, wie *Brachiosaurus, Velociraptor, Dilophosaurus* und *Gallimimus,* wäre die Isla Nublar z. B. viel zu feucht gewesen. Diese Tiere lebten in ariden oder wenigstens semiariden Lebensräumen. Zugegeben: Sofort krank werden oder gar direkt sterben würden die Dinos deshalb zwar eher nicht. Es gibt ja schließlich auch Eisbären in unseren Zoos in Deutschland. Wohl würde sich allerdings mit Sicherheit keiner der im Film gezeigten Dinosaurier auf der Isla Nublar wohl fühlen!

Aber wohin dann mit den neu erschaffenen Dinosauriern?

Diese Frage kann bloß in jedem Fall einzeln und von Dino zu Dino neu beantwortet werden. Sie stammen ja fast alle aus unterschiedlichen Zeiten und Lebensräumen. Die Welt der Dinosaurier war kaum weniger divers als heutige Ökosysteme und hat sich über das ganze Mesozoikum auch ständig verändert. Und das ist ein Zeitraum von 170 Millionen Jahren, also ein sehr, sehr langer Zeitraum! Wenn es jetzt nur um Jurassic Park und seine Dinosaurier geht, so können wir versuchen, für die darin auftretenden sieben Gattungen eine neue Heimat auf unserer heutigen Erde zu finden. Dies soll aber nur veranschaulichen, wie unterschiedlich ihre Lebensräume waren.

- ***Velociraptor* (Osborn 1924)**
  Ursprüngliche Heimat: Djadochta-Formation (Mongolei), Oberkreide (Campanium) vor 75 Ma.
  Lebensraum: geprägt von trockenen Halbwüsten mit Sanddünen, ähnlich heutigen Wüstensteppen.
  Moderne Entsprechung: ggf. immer noch Zentralasien. Die Wüste Gobi könnte *Velociraptor* heute wieder ähnliche Bedingungen bieten wie einst.

- *Brachiosaurus (Riggs 1903)*
  Ursprüngliche Heimat: Morrison-Formation (USA), Oberjura (Kimmeridgium) vor 150 Ma.
  Lebensraum: warmes, subtropisches, semiarides Klima mit Flussauen, offenen Farnprärien und dichten Nadelwäldern.
  Moderne Entsprechung: ggf. südliches Brasilien (Bundesstaat Mato Grosso do Sul). Hier würde *Brachiosaurus* reichlich Vegetation und ein ähnliches Klima mit einem Wechsel aus Regen- und Trockenzeiten finden.

- *Parasaurolophus (Parks 1922)*
  Ursprüngliche Heimat: Dinosaur Park Formation (Kanada), Oberkreide (Campanium) vor 75 Ma.
  Lebensraum: Sumpfige Flusslandschaften, feucht-warme Klimazonen mit Wechsel aus gemäßigten Wintern und warmen Sommern.
  Moderne Entsprechung: ggf. Louisiana, Mississippi-Delta. Die Bayous nahe der Küste vom Golf von Mexiko könnten *Parasaurolophus* einen geeigneten Lebensraum bieten, mit viel Wasser und viel Vegetation.

- *Triceratops (Marsh 1889) & Tyrannosaurus (Osborn 1905)*
  Ursprüngliche Heimat: Hell Creek Formation (USA), Oberkreide (Maastrichtium) vor 67 Ma.
  Lebensraum: regenreiche Küstenregionen mit Nadel- und Laubwald, Sumpfgebieten und Überschwemmungsebenen.
  Moderne Entsprechung: ggf. Nordspanien (Galicien und Asturien). Bietet mediterran-subhumides Klima mit saisonalem Wasserüberschuss, auenartigen Flusslandschaften und mosaikartiger, abwechslungsreicher Vegetation.

- *Dilophosaurus (Welles 1954)*
  Ursprüngliche Heimat: Kayenta-Formation (USA), Unterjura (Sinemurium) vor 199 Ma.
  Lebensraum: heißes, tropisches Klima mit vulkanischer Aktivität und starken saisonalen Schwankungen von Regen- und Trockenzeiten.
  Moderne Entsprechung: ggf. nordwestliches Australien (Kimberley-Region). Sehr warm, saisonal stark schwankend, teilweise vulkanisches Gelände mit fischreichen Flussläufen und Trockensavanne.

- *Gallimimus (Osmolska, Roniewicz & Barsbold 1972)*
  Ursprüngliche Heimat: Nemegt-Formation (Mongolei), Oberkreide (Maastrichtium) vor 70 Ma.
  Lebensraum: offene Ebenen, arides Kontinentalklima. Durchzogen von Flussläufen. Vereinzelte Oasen mit dichterer Vegetation als im sonstigen Teil der Landschaft.
  Moderne Entsprechung: Sahelzone (Sudan). Bietet ähnliches Klima mit deutlicher Trocken- und Regenzeit, weiten, offenen Flächen, dünner Vegetation sowie Flussläufen mit saisonalen Wasserlöchern (vergleichbar mit damaligen Auenlandschaften). Ein idealer Lebensraum heutiger schneller Bodenläufer wie Strauße und Gazellen.

***Übrigens:** Alle diese Lebensräume gibt es auf meiner Website auch in Farbe zu sehen. Und noch besser: Man kann dort sogar einen virtuellen Spaziergang machen!*

Passst die Vegetation?

Ein wichtiger Punkt, der aber jeden der hier aufgeführten Vorschläge durchaus in Zweifel ziehen könnte: Natürlich passt die Vegetation heute nicht mehr zu der vor vielen Millionen Jahren. Auch wenn die Evolution der Pflanzen deutlich langsamer abläuft als die von Tieren, haben auch sie sich im Laufe der Zeit an neue Bedingungen angepasst. Einige heutige Pflanzen hat es zur Zeit der hier aufgeführten Dinosaurier auch noch gar nicht gegeben: *Dilophosaurus* und *Brachiosaurus* lebten in der Zeit des Jura, wo Blütenpflanzen und blühende Laubbäume noch nicht existierten. Alle anderen Dinosaurier haben auch niemals Graslandschaften gesehen, weil Gräser sich erst am Ende der Kreidezeit entwickelten. Überwiegend vom Gras geprägte Landschaften, wie Steppen oder Savannen, gab es auf unserer Erde wohl erst im Laufe des Eozäns, als die Nichtvogel-Dinos bereits lange ausgestorben waren.

Auch wenn in vielen populären Dino-Büchern oft zu lesen ist, wie *Triceratops* und *Brachiosaurus* grasen (schlimmstenfalls auch noch gemeinsam!), so ist das ein grober anachronistischer Fehler. Das fehlende Gras wird aber mit Blick auf die De-Extinktion von Dinosauriern zu einem Faktor, den wir nicht unterschätzen dürfen, denn Gras gibt es heute praktisch überall und es ist ein prägender Bestandteil fast aller terrestrischer Ökosysteme.

Ob die Pflanzenfresser also in unserer Zeit genug Futter finden, ist dann die eine Frage. Ob sie dieses Futter auch verdauen könnten, ist eine ganz andere Frage: Gras enthält nämlich nur sehr wenige Nährstoffe, weshalb grasfressende Säugetiere verschiedene Strategien entwickelt haben, diese Pflanze zu verdauen, sei es mit mehreren Mägen oder bestimmten Verdauungsenzymen. Die meisten pflanzenfressenden Dinosaurier waren an Gras oder Heu als Nahrung nicht angepasst. Vielleicht wären manche anderen heutigen Pflanzen für sie sogar giftig! Es könnte auch sein, dass sich manche Dinos nur von einer ganz bestimmten Pflanze ernährt haben, die heute aber leider ausgestorben ist. Man denke dabei z. B. an den Panda oder den Koala … Wer also wirklich einen Jurassic Park erschaffen will, der muss auch daran denken, den Dinos ausreichend Paläo-Vegetation zur Verfügung zu stellen.

Und wohin mit den Eiszeit-Tieren?

Sollte die Suche nach geeigneten Biomen für zurückgebrachte Eiszeit-Tiere nicht einfacher sein, als die für Dinosaurier? Ja und nein. Tatsächlich hat sich auch seit dem Ende der letzten Glazialphase vor ca. 11.700 Jahren die Welt massiv verändert. Die Eisschilde, die zuvor noch einen großen Teil der Nordhalbkugel bedeckten, haben sich sehr weit zurückgezogen. Kalte Tundra-Steppenlandschaften, die einst den Lebensraum vieler Eiszeittiere darstellten, finden sich heute fast nur noch jenseits des Polarkreises.

Hierbei wird aber oft vergessen: Vor 20.000 Jahren bestanden diese Landschaften in unseren Breiten, sogar noch deutlich weiter südlich. Spektakuläre Eiszeittiere, wie Mammuts und Wollnashörner, Höhlenlöwen und Riesenhirsche, Rentiere, Moschusochsen und Saiga-Antilopen lebten damals nicht nur bei uns in Deutschland, sondern auch in Spanien, in der Türkei und im Iran. Manche dieser ikonischen Tiere konnten sich nach Ende der letzten Kaltzeit auch in die Polarregionen zurückziehen und fanden dort ein Auskommen. Bei anderen könnte es jedoch schwieriger werden, sie dort anzusiedeln.

Warum die heutige Tundra doch ganz anders ist

Lebensraum hängt ja nicht nur am Klima, sondern auch an anderen Faktoren wie der Anzahl der zur Verfügung stehenden Sonnenstunden. Ob ein Tier, das während der Eiszeit in Mitteleuropa lebte, auch mit monatelanger polarer Dunkelheit zurechtkäme, ist eine berechtigte Frage. Nicht nur, weil es dann wortwörtlich im Dunkeln tappen und seine Nahrungssuche behindern würde, sondern auch, weil ein Mangel an Sonnenlicht oder auch nur der falsche Einfallswinkel der Sonnenstrahlen schnell zu Problemen im Vitaminhaushalt führen können.

Vitamin D wird zum Beispiel mithilfe von über die Haut aufgenommenem Sonnenlicht synthetisiert. Genau wie wir Menschen benötigen auch die meisten anderen Säugetiere Vitamin D, u. a. für den Kalziumstoffwechsel, das Knochenwachstum und das Immunsystem. Damit unser Körper durch Sonnenlicht Vitamin D in der Haut bilden kann, muss die Sonne mindestens in einem Winkel von etwa 45° über dem Horizont stehen. Erst dann ist genügend UV-B-Strahlung in der Atmosphäre vorhanden, um die körpereigene Produktion von Vitamin D anzuregen. In Deutschland ist das nur von Anfang April bis Ende September der Fall.

Je weiter nördlich man sich befindet, umso kürzer wird diese Spanne, und ab etwa 50° nördlicher Breite kann kaum noch Vitamin D über die Sonne gebildet werden. Das ganze Jahr lang nicht. Einige Tiere könnten sich daran angepasst und ihr Vitamin D eventuell auch über Nahrungsaufnahme (Pilze, Flechten, Eingeweide von verendeten Tieren) aufgenommen haben. Andere waren dazu aber vielleicht nicht in der Lage. Es ist also keineswegs sicher, ob Sibirien, Alaska oder die nördlichsten Regionen Europas als Lebensräume für zurückgebrachte Eiszeittiere infrage kämen.

Pleistocene Park

Ein ambitioniertes Projekt, das zur Beantwortung unserer Frage aber trotzdem interessant ist, ist der Pleistocene Park. (vgl. Zimov 2007, sowie Marris 2009). Dieses Projekt wurde 1996 in Ostsibirien, am Unterlauf des Kolyma ins Leben gerufen. Initiiert wurde es vom russischen Geophysiker Sergei Zimov und seinem Sohn Nikita. Sie haben es sich zum Ziel gemacht, ein arktisches Ökosystem aus der letzten Eiszeit wiederherzustellen: das sogenannte Mammutsteppen-Biom. 20 Quadratkilometer Tundra-Landschaft gehören inzwischen schon zum Park, eine Fläche so groß wie etwa 2.800 Fußballfelder!

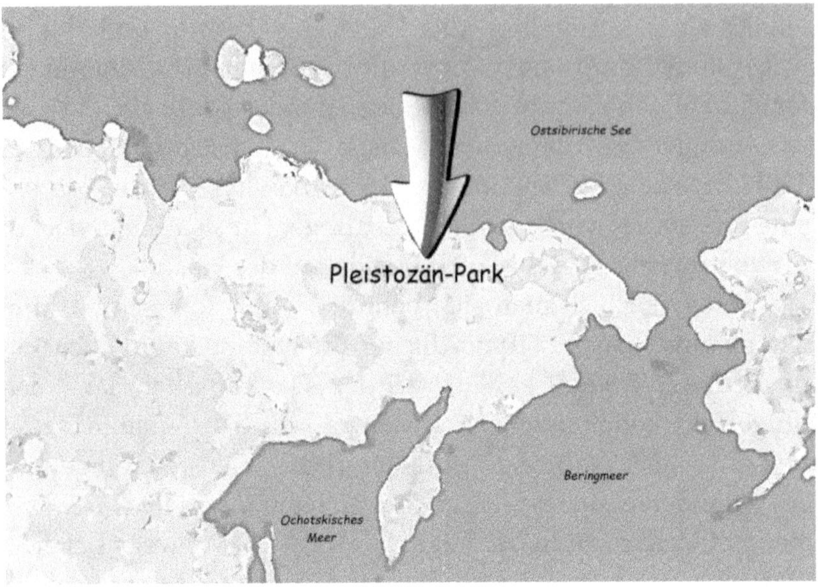

Eines der Ziele ist es, dem Klimawandel durch die Renaturierung eines Eiszeit-Bioms entgegenzuwirken. Durch die großen Pflanzenfresser soll die Tundra von der Schneedecke befreit werden, damit die Winterkälte tiefer in den Boden dringen kann. So soll ein weiteres Auftauen des sibirischen Permafrosts verhindert werden. Colossal hat – insbesondere zur Rechtfertigung seines Mammut-Projekts dieses Narrativ weitestgehend identisch übernommen.

Heute leben im Pleistocene Park schon:

- **Jakutische Pferde** (*Equus caballus*)
- **Rentiere** (*Rangifer tarandus*)
- **Elche** (*Alces alces*)
- **Kalmücken-Rinder** (*Bos taurus*)
- **Moschusochsen** (*Ovibos moschatus*)
- **Wisente** (*Bos bonasus*)
- **Yaks** (*Bos mutus*)
- **Altai-Marale** (*Cervus canadensis sibiricus*)
- **Trampeltiere** (*Camelus ferus*)
- **Wildziegen** (*Capra aegagrus*)

Auf dem Gelände waren vor Errichtung des Pleistocene Parks bereits Hasen (*Lepus timidus*), Murmeltiere (*Marmota sibirica*), Bisamratten (*Ondatra zibethicus*) und andere Nager heimisch, sowie Polarfüchse (*Vulpes lagopus*), Rotfüchse (*Vulpes vulpes*), Luchse (*Lynx lynx*), Braunbären (*Ursus arctos*), Wölfe (*Canis lupus*), Vielfraße (*Gulo gulo*) und Zobel (*Martes zibellina*). Als Nächstes sollen dort wohl auch sibirische Tiger (*Panthera tigris altaica*) ausgewildert werden.

Wohlgemerkt: Die Betreiber des Projekts sind ausdrücklich nicht an der Wiedererschaffung von Eiszeittieren beteiligt. Der Park könnte jedoch für De-Extinktionsprogramme trotzdem eines Tages sehr interessant werden und hat diesbezüglich bereits etwas in Aussicht gestellt: Sollten Mammuts und andere Geschöpfe aus der Eiszeit wirklich einmal in unsere Zeit zurückkehren, könnten sie hier vielleicht einen Lebensraum finden, in einer Umgebung, die ihrer prähistorischen Heimat am nächsten kommt.

Wer also von einem Jurassic Park oder einem urzeitlichen Eiszeit-Zoo träumt, muss sich auch fragen, ob unsere heutige Welt überhaupt noch Platz für diese Tiere bietet. Dabei müssen ökologische, klimatische und ganz konkret geografische Faktoren beachtet werden, was mitunter aber keine leichte Aufgabe ist. Nur wenn diese Fragen aber ernsthaft mitgedacht werden, kann die Debatte über De-Extinktion überhaupt sinnvoll geführt werden, denn es geht hier um nichts Geringeres als Artgerechtigkeit! Fraglich ist jedoch, ob die derzeitigen Befürworter oder gar aktiven Betreiber der De-Extinktion das alles auf dem Schirm haben. Denn auch wenn jedem wohl bewusst sein mag, dass De-Extinktion ein heikles und polarisierendes Thema ist, ist vielen Leuten nicht klar, wie weit die ethischen Bedenken eigentlich greifen. Mit diesen wollen wir uns im letzten Kapitel befassen, und das wird nichts für schwache Nerven!

Kapitel 10:
Ethische Aspekte

Die Wiederbelebung ausgestorbener Arten klingt trotz der vielen hohen wissenschaftlichen Hürden immer noch nach einer faszinierenden Vision. Doch hinter dieser Idee verbergen sich nicht nur wissenschaftliche Herausforderungen, sondern auch tiefgreifende ethische Fragen und Bedenken. Was darf der Mensch, und was sollte er lieber lassen? Bevor wir ausgestorbene Tiere zurückbringen, müssen wir uns darüber klar werden, welche Folgen das mit sich bringen könnte und ob wir dadurch einen tatsächlichen Mehrgewinn erzielen, oder ob der mögliche Schaden sogar größer sein könnte als der Nutzen.

In den vorherigen Kapiteln ging es bereits um die hohen Hürden, die der De-Extinktion entgegenstehen. Allein diese werfen schon etliche Bedenken auf, sowohl was die Umsetzbarkeit betrifft, als auch die Ethik. Wenn wir einer ausgestorbenen Art nur mit erheblichen Schwierigkeiten eine Wiederbelebung ermöglichen können, ist sie das dann wert? Können wir den Tieren in unserer heutigen Zeit überhaupt ein artgerechtes Leben ermöglichen? Und auf der anderen Seite geht es auch um die Welt, in der es leben muss: Wie würde unsere Umwelt auf ausgestorbene Tiere reagieren?

Gut, so spektakulär, wie es in Jurassic World – Ein neues Zeitalter (2022) dargestellt ist, würde es wahrscheinlich nicht werden. Die Dinosaurier würden unsere Welt wohl nicht gleich überrennen, eine Gefahr für uns darstellen und bestimmte Gegenden gar unbewohnbar machen. Der Mensch ist nach wie vor der gefährlichste Makroorganismus auf dem Planeten. Kein Dinosaurier, nicht einmal eine künstlich erschaffene Themenpark-Chimäre, ist der Feuerkraft eines Großkalibergeschützes oder gar eines Raketenwerfers gewachsen. Dass wir durch die Wiedererschaffung ausgestorbener Spezies eine Gefahr für unser eigenes Fortbestehen heraufbeschwören könnten, ist selbst mit viel Fantasie kaum vorstellbar.

Positive Aspekte

Ganz im Gegenteil: Die De-Extinktion könnte die Welt, in der wir leben, auch an vielen Stellen bereichern. Denn die Wiederbelebung ausgestorbener Arten ist nicht nur ein spektakuläres biologisches Experiment, sondern birgt auch das Potenzial, gestörte Ökosysteme zu stabilisieren, verlorene Wechselwirkungen wiederherzustellen und Landschaften zu regenerieren, die unter menschlichem Einfluss gelitten haben.

So argumentieren jedenfalls die Betreiber der De-Extinktion, wie George Church, Professor an der Harvard University und einer der Köpfe hinter Colossal Biosciences. Er befürwortet die Wiederbelebung ausgestorbener Tierarten mit dem Argument, dass gewisse kritische „Schlüsselarten" zur Not auch mithilfe der Gentechnik vor dem Aussterben bewahrt oder eben „wiederbelebt" und ausgewildert werden sollten. Ihr Fehlen habe bereits katastrophale Folgen für die von ihnen dominierten Ökosysteme verursacht und wir hätten deshalb die moralische Pflicht, diese Folgen rückgängig zu machen, besonders wenn wir Menschen selbst zu ihrem Aussterben beigetragen haben.

Ein oft genanntes positives Beispiel aus der jüngeren Vergangenheit, wenn auch kein Fall von De-Extinktion im eigentlichen Sinne, ist die Rückkehr der Wölfe in den Yellowstone-Nationalpark. Nachdem die Wölfe dort in den 1920er Jahren vollständig ausgerottet worden waren, geriet das ökologische Gleichgewicht aus den Fugen. Ohne ihre natürlichen Feinde vermehrten sich Hirsche und Wapitis stark, fraßen Jungbäume in großem Stil ab und zerstörten ganze Uferlandschaften. Die Rückführung der Wölfe in den 1990er Jahren hatte überraschend positive Folgen, und zwar nicht nur für die Pflanzenwelt, sondern auch für viele andere Tierarten. Die Bestände der Pflanzen konnten sich erholen, Biber kehrten zurück, neue Feuchtbiotope entstanden, und selbst das Verhalten der Hirsche änderte sich: Sie mieden bestimmte Gebiete, in denen sie sich verletzlicher fühlten. Diesen Effekt, bei dem ein Spitzenprädator durch seine bloße Anwesenheit Einfluss auf alle unteren Stufen der Nahrungskette nimmt, nennt man ökologische Trophiekaskade (vgl. Ripple et al. 2025). Allerdings sind das Yellowstone-Beispiel und der tatsächliche positive Effekt von Wölfen auch nicht unumstritten (vgl. Ausilio et al. 2021).

Die Hoffnung ist dennoch: Wenn es gelingt, ähnliche Schlüsselspezies, die durch menschliches Zutun ausgestorben sind, in den ursprünglich von ihnen bewohnten Gebieten wieder anzusiedeln, könnten sie ökologische Funktionen erneut übernehmen und stabilisieren, die seit Jahrhunderten dort fehlen. Und das können natürlich auch Pflanzenfresser: Arten wie das Wollhaarmammut, das Wollnashorn oder der Riesenhirsch könnten zum Beispiel helfen, die nördlichen Permafrostböden vor dem Tauen zu bewahren. Einerseits halten große Pflanzenfresser die Vegetation offener. Zweitens reichert ihr Dung die Oberfläche mit wichtigen Nährstoffen an, sodass wiederum mehr Pflanzen wachsen können. Dies beugt Bodenerosion vor und schafft Nahrungsquellen und Lebensräume für kleinere Tiere. Und drittens räumen sie bei der Nahrungssuche im Winter den Schnee zur Seite, der sonst als isolierende Schicht dient. Fehlt der Schnee jedoch, kann die bittere Kälte viel tiefer in den Boden dringen, sodass dieser in der Tiefe auch im Sommer nicht mehr auftaut, was wiederum positive Effekte auf die Nährstoff- und Wasserverteilung über das ganze Jahr hat. Derartige Szenarien sind zwar spekulativ, aber nicht völlig aus der Luft gegriffen. Es gibt sogar erste Simulationen und Modellprojekte, wie das bereits erwähnte „Pleistocene Park"-Projekt in Sibirien.

Ein denkbarer Nutzen liegt auch im wissenschaftlichen Erkenntnisgewinn: Anhand lebender Nachfahren ausgestorbener Tiere könnten wir nicht nur deren Biologie, Verhalten und Sozialstruktur besser erforschen, sondern auch neue Erkenntnisse über

Evolution, Genetik und Artenschutz gewinnen. Auch für die allgemeine Forschung könnten zurückgebrachte Tiere wichtige Erkenntnisse liefern. Tier- wie auch Humanmedizin könnten davon profitieren.

Konkreter zum Nutzen der De-Extinktion für den Artenschutz werden auch andere Autoren wie Campbell & Whittle (2017). Sie vertreten die Ansicht, dass De-Extinktion unter bestimmten Bedingungen nicht nur ethisch vertretbar sein könne, sondern auch aktiv zum Artenschutz Beiträge leisten könne, wenn eines Tages tatsächlich die technologische Möglichkeit der Wiederbringung ausgestorbener Arten zur Verfügung stünde. Sie benennen dazu eine Strategie namens „freeze now and resurrect later" (jetzt einfrieren, später wiedererwecken). Die Idee dahinter: Man könne bereits jetzt genetisches Material stark bedrohter Arten sammeln und konservieren. Sollte sich die Situation für die Art noch weiter verschärfen oder sie gar aussterben, könnte man sie zu einem späteren Zeitpunkt wieder zurückbringen. Der Verlust der Artenvielfalt könne vielleicht so in Grenzen gehalten werden.

Ein weiterer Aspekt: De-Extinktion wäre ein starkes Symbol für Verantwortung und Versöhnung des Menschen mit der Natur. Wenn eine Tierart ausschließlich durch menschliches Handeln ausgerottet wurde, wie etwa durch Jagd, Umweltzerstörung oder invasive Arten, wäre ihre Wiedererschaffung als moralisches Zeichen zu werten. Wir geben nicht auf, stellen uns unseren Fehlern und versuchen, wieder gutzumachen, was wir einst zerstört haben. Dies kann wiederum eine Signalwirkung auf andere haben, sie zu mehr Umweltbewusstsein animieren und konservative Artenschutzprogramme fördern. Die zurückgebrachten wären sogenannte „Flaggschiff-Spezies", so wie der Große Panda als Symboltier für den Umweltschutz steht (vgl. Whittle, Stewart & Fisher 2014). Natürlich dürfen diese positiven Visionen aber nicht blind romantisiert, sondern sollten immer kontextualisiert und rational eingeordnet werden.

Essenzielles Wissen fehlt!

Sind all diese Punkte denn wirklich überzeugend? Immerhin können auch eine Menge negativer Aspekte ins Feld geführt werden, schon angefangen bei der Frage, welche Grundbedürfnisse ein Tier hatte, das seit Jahrtausenden oder gar Jahrmillionen verschwunden ist, und wie es lebte. Denn das können wir oft nur sehr vage rekonstruieren. Oft ist alles, was wir über Urzeit-Tiere zu wissen meinen, auch mehr Konstruktion als echte Rekonstruktion, weil natürlich kein heute lebender Mensch diese Tiere jemals in ihrer natürlichen Umgebung beobachten konnte. Fossilien oder auch andere durchaus menschliche Quellen wie etwa Höhlenmalereien, aber auch historische Dokumente aus der Kolonialzeit, zeigen uns immer nur einen Ausschnitt dessen, was es über diese Tiere zu wissen gibt. Und dieser Ausschnitt wird umso kleiner, je länger das Tier bereits ausgestorben ist.

Bei der Haltung und Zucht von Tieren ist aber ein umfangreiches Expertenwissen gefragt! Selbst wenn wir Mammuts mit heutigen Elefanten vergleichen können, so könnten ihre Bedürfnisse doch ganz anders ausgesehen haben als die ihrer modernen Verwandten und damit vielleicht auch ihr Verhalten, was naheliegt. Elefanten leben in warmen Savannen und Buschwald-Biomen. Mammuts lebten in der Kaltsteppe, einem völlig anderen Lebensraum! Wir haben schon in Kapitel 3 gesehen, dass sicher viele von uns die Dinosaurier in völlig verkehrte Lebensräume eingeordnet hätten. Da muss man sich nicht einbilden, dass es bei anderen ausgestorbenen

Tieren anders wäre. Selbst die führenden Experten für Dinosaurier und Urzeittiere sind sich sehr darüber bewusst (und betonen das auch immer wieder), wie viel man über diese Tiere eben noch nicht weiß.

Angefangen bei der Frage: Was soll ein ausgestorbenes Tier fressen? „Pflanzen“ oder „Fleisch“ sind als Antworten viel zu vage. Viele Tiere haben ein ganz spezifisches Nahrungsspektrum. Nur die geringste Abweichung davon kann ernsthafte Konsequenzen haben. Weiter geht es mit: Welche Grundfläche muss sein Gehege haben? Und wie sollte es im Detail ausgestattet sein, damit das Tier sich auch wohlfühlt und gesund bleibt? Braucht es Artgenossen, um mit ihnen zu interagieren? Oder muss es in jedem Fall allein gehalten werden, weil Gesellschaft bei ihm Stress und sogar Gewaltreaktionen auslösen würde? Kann es ohne eine Mutter überleben? Kann es auch ohne Anleitung die lebensnotwendigen Fertigkeiten erlernen, die es zum Überleben in der Wildnis braucht? Hat es dafür die nötigen Instinkte? Oder haben die ausgestorbenen Vorgänger alles von ihren Eltern gelernt?

Wenn bei der Wiedererschaffung an auch nur einer dieser Stellen ein Fehler gemacht wird, wird das zurückgebrachte Tier kein schönes Leben haben und sicher bald nach seiner Wiedererschaffung sterben. Und das Risiko für Fehler steigt exponentiell, je weniger wir über ein Tier konkret wissen.

Kommerzialisierung!

Eingefleischte De-Extinktionsfans betonen immer wieder die vielen Vorteile, die eine Wiedererschaffung ausgestorbener Arten mit sich bringen würde. Doch das Hauptmotiv, warum eine Firma ernsthaft darüber nachdenken würde, die De-Extinktion auch wirtschaftlich zu realisieren, wäre natürlich das gleiche wie das jeder börsennotierten Firma: Geld verdienen! So viel wie nur möglich! Und dabei ist nicht etwa nur daran zu denken, dass die zurückgebrachten Tiere irgendwann zu Magneten in Tierparks werden. Das allein wäre aus ethisch-moralischer Sicht in vielerlei

Hinsicht kritisierbar und würde alle positiven Aspekte sofort ad absurdum führen, weil dann von den vielen stabilisierenden ökologischen Vorteilen natürlich keine Rede mehr sein kann, wenn die Tiere ihr ganzes Dasein hinter Glasscheiben und Gitterstäben verbringen. Insbesondere bei der scheinbaren Wiedererschaffung des Direwolfs musste ich aber sofort daran denken, dass manche Prominente so einen sicher gerne als Haustier haben würden, und dafür sicher ein Vermögen hinzublättern bereit wären. Sogar, wenn es sich eigentlich nur um einen ganz normalen Hund mit ein paar Direwolf-Genen handelt.

Bei anderen ausgestorbenen Tieren regen sicherlich sogar noch weit niedere Instinkte an, nämlich auch bei den Freunden der Großwildjagd. Sich einen Höhlenbärenpelz oder ein Säbelzahnkatzenfell ins Trophäenzimmer zu legen, oder das Geweih eines Riesenhirschs oder gar den Kopf eines *Triceratops* über den Kamin zu hängen, mag vielleicht absurd für die meisten Leser klingen – das tut es schon beim Schreiben dieser Zeilen –, doch man darf nicht vergessen, dass es wirklich nicht gerade wenige Menschen gibt, die so etwas tatsächlich umtreiben würde.

Wo eine Nachfrage ist, würden De-Extinktionsfirmen sicher aus Profitgründen auch einen Markt schaffen: Angebote zum Canned Hunting, wobei gezüchtete Löwen in eingezäunten Gebieten ohne realistische Fluchtmöglichkeiten gejagt werden, gibt es bereits jetzt. In Südafrika gibt es über 250 „Löwenfarmen", auf denen Tiere für den Tourismus („Streichellöwen"), die Jagd und den Export von Skeletten gezüchtet werden, dort alles ganz legal und hochprofitabel. Besonders pervers: Diese Jagdangebote werden auch noch als Mittel zur Finanzierung von

Naturschutzmaßnahmen und zur Unterstützung lokaler Gemeinden dargestellt. Kommt uns das bekannt vor? Vielleicht klingt es nun doch nicht mehr so absurd, denn wer bereit ist, auf gefährdete und streng geschützte Arten zu schießen, wird wohl kaum vor Tieren Halt machen, die bereits einmal ausgestorben sind und nun wieder zum Abschuss stehen, weil eine De-Extinktionsfirma damit Geld verdienen kann. Eine Menge Geld!

Eine weitere traurige Tatsache: Bestimmte Tierprodukte sind auf dem Schwarzmarkt ein Vermögen wert. Man denke dabei z. B. an Elfenbein oder Nashornhörner, die in der traditionellen chinesischen Medizin eine wichtige Rolle als Heil- und Potenzmittel spielen. Wissenschaftlich haltbar ist die Wirkung nicht: Das Horn besteht einfach nur aus Keratin, dem gleichen Stoff, aus dem unsere Haare und Fingernägel sind. Es macht somit keinen Unterschied, sich gemahlenes Nashorn-Pulver oder geraspelte Fingernägel ins Essen zu mischen. Interessiert die Anwender aber nicht: Solange Menschen noch an solchen unbelegten Quatsch glauben, wird es diesen Markt geben. Und wir brauchen da gar nicht mit dem Finger auf die Chinesen zu zeigen: Auch hier bei uns finden Homöopathie-Produkte schließlich ebenfalls einen ordentlichen Absatz. Immerhin muss dafür kein bedrohtes Tier leiden und um seine Fortexistenz fürchten. Die De-Extinktion würde jedenfalls sehr wahrscheinlich Möglichkeiten schaffen, auch diesen ethisch zutiefst fragwürdigen Markt zu bedienen, und dann dazu beitragen, ihn weiter zu normalisieren.

Wer glaubt, das war schon das Schlimmste, der braucht sich nun gar nicht die Tränen aus den Augen zu wischen. Wir müssen sogar noch eine Stufe tiefer gehen. Angenommen, es gelingt tatsächlich ein Durchbruch und die De-Extinktion kann auf ein industrielles Niveau gehoben werden. Alle streng bedrohten Nashörner können nun „einfach" nachgezüchtet und ihre Bestände stabilisiert werden. Und sogar Arten, die funktional oder sogar komplett ausgestorben sind, kehren zurück. Dieses strahlende, wunderbare Ziel der De-Extinktion hat nämlich eine abstoßend hässliche Kehrseite. Wer sich nämlich einen produktiven Ausbau von mehr Artenschutzmaßnahmen wünscht, wird wohl eine bittere Enttäuschung erleben. Ganz im Gegenteil, würde die De-Extinktion nämlich wohl der Sargnagel des Artenschutzes sein! Campbell & Whittle (2017) Modell „freeze now and resurrect later“ eröffnet schließlich auch die Möglichkeit, es zu missbrauchen, und einen gefährlichen Paradigmenwechsel: Warum denn noch schützen, was man einfach und jederzeit wieder neu erschaffen kann?

Konzerne, die aufgrund von Umweltschutzbestimmungen bislang nicht an Rohstoffe in Regionen herankommen, die von bedrohten Arten bewohnt werden, könnten jetzt problematische Deals mit den dortigen Regierungen machen. „Lasst sie ruhig erstmal aussterben. Wenn wir mit dem Abbau fertig sind, bezahlen wir dafür, die Gegend wieder zu renaturalisieren, und bringen die ausgestorbenen Arten zurück. Ehrenwort!“ Kommen dann noch Argumente, wie die Schaffung von Arbeitsplätzen, mehr Steuereinnahmen und die wirtschaftliche Stärkung der Region, dürfte das Schicksal der dort lebenden Tiere schnell besiegelt sein.

Im Anschluss könnte es dann heißen: „Ups, die De-Extinktion klappt doch nicht so gut, wie wir dachten …“ oder „Dieses Jahr haben wir nicht mehr genug Geld im Haushalt, aber bestimmt nächstes Jahr …“. Dann ist das eben Pech. Und wir hören sicher dann bald eine umgekehrte Argumentation: „Aussterben gehörte schon immer zu unserer Erde mit dazu. Findet euch damit ab!“

Man darf sich nichts vormachen: Dort, wo die De-Extinktion Geld einbringt, wird sie zum Einsatz kommen. Und wahrscheinlich fast nur dort! Denn dort, wo sie Geld kostet, wird man sie blockieren, hinauszögern, und nur in aller Spärlichkeit einsetzen, vielleicht noch dann, wenn sich daraus PR-mäßig etwas machen lässt. Wer dieses Szenario für überzogen oder für unbegründete Panikmache hält, dem muss ich Naivität vorwerfen. Genau so läuft es nämlich jetzt schon! Und genau deshalb kann die De-Extinktion niemals ein Gewinn für die Artenvielfalt sein. Sie macht sie bloß zur Verhandlungsmasse.

Verschwendung wertvoller Ressourcen!

Wenn wir schon auf die Wirtschaft hinter der De-Extinktion schauen, sollten wir auch mal genauer hinsehen, wie viel uns diese Projekte eigentlich kosten, denn billig ist das alles nicht! Die Forschung an Genomrekonstruktion, Klontechniken und Biotechnologie bindet astronomische Summen. Und nicht nur das: Sie erfordert großen zeitlichen Aufwand, qualifiziertes Personal und Laborkapazitäten. Schließlich geht es ja nicht nur um ein paar wissenschaftliche Experimente in einem Hobbykeller, sondern um milliardenschwere Projekte mit einem hohen Bedarf an Hochtechnologie und Wirtschaftsfläche.

Seit seiner Gründung im September 2021 hat z. B. Colossal Biosciences, derzeit wohl die prominenteste De-Extinktions-Firma, insgesamt 435 Millionen US-Dollar an Investitionen eingesammelt. Allein in der Series-C-Finanzierungsrunde im Januar 2025 erhielt das Unternehmen 200 Millionen US-Dollar von TWG Global. Zum Zeitpunkt der Herausgabe dieses Buches lag der Unternehmenswert von Colossal bei 10,2 Milliarden US-Dollar. Auch energetisch und ökologisch ist die De-Extinktion ein zweifelhaftes Unterfangen: Der CO_2-Fußabdruck vieler Biotech-Labore ist erheblich!

Genovesi & Simberloff (2020) warfen daher die berechtigte Frage auf, ob De-Extinktion wirklich eine sinnvolle Strategie im Artenschutz darstelle oder ob Ressourcen besser in den Schutz noch existierender Arten investiert werden sollten, insbesondere da die Erfolgsaussichten der De-Extinktion so ungewiss sind. Vor dem Hintergrund, dass es vielen Schutzprogrammen für noch lebende

Arten an Mitteln fehlt, obwohl ihr Erhalt mit vergleichsweise geringem Aufwand gesichert werden könnte, ist dies ein berechtigter ethischer Einwand.

Eingriff in die natürliche Evolution!

Zugegeben: Beim Dodo und dem Beutelwolf haben De-Extinktionsbefürworter durchaus einen Punkt. Tiere wieder zurückzubringen, die der Mensch einst selbst ausgerottet hat, ist nicht per se verwerflich, vielleicht sogar ethisch-moralisch geboten, wenn es die technologischen Möglichkeiten dazu gibt. Doch auch hier könnte man gegenargumentieren, denn seit ihrem Verschwinden hat sich die Natur bereits längst neu eingestellt. Neue ökologische Bedingungen sind entstanden, und gerade diese könnten immer noch dazu führen, dass die zurückgebrachte Tierart direkt nach ihrer De-Extinktion wieder ausstirbt. Das Thema hatten wir ja schon.

Der Mensch hatte mit dem Aussterben der allermeisten Tiere aber nichts zu tun. Viele sind verschwunden, lange bevor es uns überhaupt gab. Insgesamt 99,9 % der ehemaligen Artenvielfalt auf unserer Erde sind bereits verschwunden. 0,1 % bilden den ganzen verbliebenen Rest, was heißt: Von 1000 Arten, die jemals lebten, ist heute nur noch eine einzige da. Klima- und Lebensraumveränderungen, Konkurrenz untereinander, neue Räuber oder Krankheiten, und sogar Massenaussterbeereignisse sind ein normaler Bestandteil der Evolution und der natürlichen Auslese. Wer ausgestorben ist, konnte sich nicht schnell genug anpassen, und der

Mensch sollte sich vielleicht nicht anmaßen, Gott zu spielen und diesen natürlichen Prozess korrigieren zu wollen. Auch Ian Malcolm argumentiert in Jurassic Park auf Hammonds Einwand mit den Kondoren, dass die Dinosaurier ihre Chance hatten.

Gefahr für noch lebende Arten!

Viele Filme und andere Medien stellen das Problem, das ich hier ansprechen möchte, oft stark überspitzt dar. Dass wiedererschaffene Urzeit-Tiere sofort auf die Jagd nach Menschen gehen und Unheil und Zerstörung über die Welt bringen würden, in der sie nichts mehr zu suchen haben, ist aber nur ein Hollywood-Klischee. Urzeit-Tiere waren eben auch nur Tiere, keine blutrünstigen Monster. Befürworter der De-Extinktion sehen hierbei auch kaum ein Problem. Nach Meinung des schwedischen Umwelthistorikers Dolly Jørgensen wäre die Auswilderung von wiedererschaffenen Tieren auch nichts anderes als die Auswilderung lokal ausgestorbener Arten in ihren früheren Lebensräumen, also etwa vergleichbar mit dem Wolf, Luchs oder Braunbären.

Doch es gibt ein entscheidendes Gegenargument: Die Auswilderung nur lokal ausgestorbener, aber noch rezenter Tiere erfolgt mit einem ungeheuren Wissensvorsprung, weil wir Wölfe, Luchse und Braunbären schließlich kennen. Über ausgestorbene Tiere und ihre einstige Position in einem lange verschwundenen Gesamtkomplex wissen wir dagegen kaum etwas! Und genau dadurch könnten durch ihre Wiedererschaffung im schlechtesten Fall rezente Arten tatsächlich in unvorhersehbare Gefahr geraten. Wenn wir ausgestorbene Arten künstlich zurückbringen, greifen wir, auch wenn uns das nicht immer bewusst ist, tief in unser komplexes ökologisches System ein, das sich seitdem weiterentwickelt hat. Wir drehen sozusagen die biologische Uhr zurück, ohne zu wissen, welche Folgen das haben könnte.

Und das ist nichts anderes als das Problem, das wir heute schon mit invasiven Arten erleben. Wenn es nämlich wirklich gelänge, eine stabile Population ausgestorbener Tiere zurückzubringen, dann spielen sie fortan auf dem Spielbrett der Natur mit. Und haben diese Tiere z. B. keine natürlichen Feinde, könnten sie sich ungebremst vermehren. Dadurch üben sie eventuell nun selbst einen hohen Druck auf die bestehenden Arten aus, die mit ihnen gemeinsam existieren. Es ist aus verschiedenen Gründen zwar unwahrscheinlich, aber nicht unmöglich, dass zurückgebrachte Tiere vielleicht sogar zur Plage werden könnten.

Die zurückgebrachten Arten können dazu nämlich noch nicht einmal unmittelbar selbst das direkte Problem darstellen. Denkbar ist nämlich auch folgendes Szenario: Wenn die Rückkehrer über ein schwaches oder nicht an unsere Zeit angepasstes Immunsystem verfügen, würden sie sich nicht nur schnell mit Krankheiten infizieren, sondern auch ein Reservoir für diese Erreger bilden. Dann besteht die Gefahr, dass sie dann auch auf andere Tiere, die in ihrer Nähe leben, Krankheiten übertragen. Möglich ist sogar, dass sie zum Wirt für einen Erreger werden, der im Organismus des einst ausgestorbenen Organismus mutiert und dann eine ungleich höhere Potenz entwickelt. Hier sind wir sehr schnell wieder beim fehlenden Wissen: Der Einfluss, den ein ausgestorbenes Tier auf die heutige Welt nehmen kann, ist überhaupt nicht einschätzbar!

Und das ist nicht nur meine Meinung: Dies bemerkte auch Seddon (2017) in seiner viel beachteten Studie, in der er einerseits die Kriterien für die Auswahl geeigneter Kandidaten zur De-Extinktion diskutiert. Er führt aber auch viele potenzielle ökologische

Auswirkungen ihrer Wiedereinführung auf. Einerseits könnten De-Extinktionsprojekte tatsächlich zur Erhöhung der Artenvielfalt beitragen und die Resilienz von Ökosystemen stärken. Wahrscheinlicher ist aber, dass sie an heutige Umweltbedingungen nicht angepasst sind, und das übrigens weniger, je länger sie bereits ausgestorben sind.

Stabile Populationen sind gar nicht möglich!

Was Seddon (2017) ebenfalls klar herausstellt: Auch nach einer erfolgreichen De-Extinktion bleibt die ursprüngliche Auslöschung biologisch und evolutionär unumkehrbar. Vielen scheint das gar nicht bewusst zu sein, denn selbst wenn es eines Tages gelingen sollte, ein ausgestorbenes Tier zurückzubringen, reicht das allein nicht aus! Ein einzelnes Tier macht schließlich noch keine eigene Population einer Art.

Für eine Population, die auch langfristig überlebensfähig sein könnte, braucht es viele genetisch unterschiedliche Individuen, also sowohl Männchen als auch Weibchen. Nur jeweils eins davon, wie auf der Arche Noah, reicht bei Weitem nicht aus! Der Fortbestand einer Art hängt entscheidend von der Vielfalt ihres Genpools ab, also von der genetischen Variation aller Individuen. Genau diese Vielfalt lässt sich bei De-Extinktionsprojekten nicht erzeugen. Die zurückgebrachten Tiere stammen in der Regel aus demselben genetischen Ausgangsmaterial, oft auch nur aus einigen wenigen Zellen eines einzigen Individuums. Vor diesem Hintergrund sollte auch „Freeze now and resurrect later“ zum Scheitern verurteilt sein.

Ein trauriges Beispiel für die Folgen genetischer Verarmung ist der heutige Gepard (*Acinonyx jubatus*). Seine heutigen Probleme gehen vermutlich auf einen sogenannten genetischen Flaschenhals vor rund 10.000 Jahren zurück, möglicherweise am Ende der letzten Eiszeit, als viele Geparden weltweit starben und nur ein winziger Teil ihres Genpools es durch diesen Flaschenhals schaffte. Aktuelle Bedrohungen wie Wilderei, Lebensraumverlust und die Isolation kleiner Restpopulationen haben diese genetische Erosion zusätzlich verschärft und geben den Geparden langsam, aber sicher den Rest (vgl. O'Brien et al. 2017). Er wird wahrscheinlich deshalb in absehbarer Zeit aussterben, sogar ohne zusätzliches Zutun des Menschen.

Tatsächlich sind alle heute lebenden Geparden ihren Artgenossen genetisch bereits so ähnlich, dass man ihnen gegenseitig ohne größere Probleme Haut oder Organe transplantieren könnte. Klingt cool? Ist es aber nicht. Die Folgen der Inzucht sind deutlich gravierender: Verminderte Spermienqualität, hohe Anfälligkeit für Krankheiten, geringe genetische Vielfalt im Immunsystem, hohe Sterblichkeit bei Neugeborenen und eine eingeschränkte Anpassungsfähigkeit an Umweltveränderungen haben den Geparden zu einer stark bedrohten Art gemacht.

Weltweit gibt es zwar noch etwa 7.000 Geparden, doch wenn selbst eine scheinbar stabile Art mit vergleichsweise großer Population so sehr unter genetischer Verarmung leidet, wie sollen dann Tiere bestehen, die nur aus wenigen Zellkernen oder DNS-Fragmenten rekonstruiert wurden? In solchen Fällen wären die erschaffenen Individuen nahezu identische Kopien voneinander, und damit sogar enger miteinander verwandt, als wenn sie Geschwister wären. Ja, das geht!

Noch kritischer wird es bei sogenannten Chimären, also genetisch veränderten Mischwesen aus verschiedenen Linien. Viele von ihnen wären dann vermutlich schon von ihrer Natur her unfruchtbar, ähnlich wie Maulesel oder Liger. Selbst wenn sie sich doch miteinander fortpflanzen könnten, würde die fehlende genetische Vielfalt schnell ebenfalls zu Inzucht führen. Die Folgen wären die gleichen.

Im Klartext: Keine zurückgebrachte Art wäre in freier Wildbahn langfristig überlebensfähig. Ohne ständige menschliche Unterstützung, beispielsweise durch erneute Klonvorgänge im Labor, würde sie schon nach wenigen Generationen wieder aussterben. Selbst bei scheinbarem Erfolg wäre das Tier niemals wirklich unabhängig. Es bliebe ein künstliches Produkt, dauerhaft auf menschliche Pflege angewiesen. Wer glaubt, auf diese Weise eine Tierart retten zu können, hat den Begriff „Artenschutz" grundlegend missverstanden. Und es ist zu befürchten, dass viele genau dieses Missverständnis aus wirtschaftlichen Gründen sogar noch befördern werden. Umso wichtiger ist es, das Aussterben von Arten rechtzeitig zu verhindern. Die wohl sinnvollste Anwendung moderner Technologien liegt in der Unterstützung noch existierender, aber bedrohter Arten, und in der Erhaltung oder Erweiterung ihrer genetischen Vielfalt.

Grausame Folgen für Leihmütter!

Bei der De-Extinktion geht es außerdem nicht nur um das zurückgebrachte Tier. Wie bereits in den vorherigen Beiträgen behandelt, gibt es bislang noch keine Technologie, die ohne eine Leihmutter auskommt, um den Klon bzw. die Chimäre zur Welt zu bringen. Sprechen wir z. B. über die Wiedererschaffung des Wollhaarmammuts (*Mammuthus primigenius*), käme dafür bislang nur eine indische Elefantenkuh (*Elephas maximus*) als Trägerspezies infrage. Indische Elefanten sind mit Mammuts tatsächlich relativ eng verwandt, enger sogar als mit afrikanischen Verwandten (*Loxodonta africana*). Also sollte die De-Extinktion doch kein Problem sein, oder? Schließlich gab es mit „Motty" doch sogar schon einen Hybriden aus afrikanischen und indischen Elefanten, den es ja theoretisch gar nicht hätte geben dürfen. Wenn ein Mammut dem indischen Elefanten sogar noch näher steht, warum es dann nicht einfach mal probieren?

Genau hier liegt eines der größten ethischen Probleme: Elefanten sind keine Versuchstiere, sondern intelligente, soziale Wesen mit einer starken Mutter-Kalb-Bindung. Und sie sind noch dazu selbst vom Aussterben bedroht! Nebenbei bemerkt sind sie auch sogenannte K-Strategen, die erst sehr spät geschlechtsreif werden, sehr lange Tragzeiten haben und dann auch immer nur ein einziges Kalb zur Welt bringen. Das sollten wir an dieser Stelle einfach mal im Hinterkopf behalten.

Besonders bedenklich: Kommt es in der Tragzeit zu Komplikationen und die Elefantenkuh verliert ihr Kalb, kann sie den toten Fötus oft nicht zur Welt bringen. Operativ entfernen kann man ihn dann auch nicht. Dieses Schicksal erlitt vor einigen Jahren die Elefantenkuh Thura im Zoo von Leipzig: Zum Jahreswechsel 2015/2016 verlor sie ihr Kalb. Der Kadaver musste in ihrem Leib verbleiben. 2018 wurde Thura erneut trächtig. Doch das tote Kalb blockierte den Geburtskanal, weshalb sich der Zoo entschloss, die Schwangerschaft abzubrechen. Der noch kleine Fötus wurde ausgeschieden, doch dann begann Thura, auch Teile des alten, inzwischen schon halb „versteinerten" Fötus nach und nach unter extremen Schmerzen auszuscheiden. In dieser Zeit erlitt Thura immer wieder Krankheitsschübe. Sie musste von der Herde getrennt werden und konnte das Elefantenhaus nicht mehr verlassen. 2019 verendete sie schließlich, nach einem tödlichen Riss in der Gebärmutter.

Mit diesem Ergebnis muss jeder rechnen, der einen genmodifizierten Mammut-Embryo oder auch nur eine Chimäre in eine Elefantenkuh einbringt. Wir wissen gar nicht, ob Mammuts und Elefanten vergleichbare Tragzeiten hatten. Bei den geringsten

Unterschieden wäre das Leben des ungeborenen Kalbs, aber auch das seiner Mutter, in erheblicher Gefahr. In jedem Fall wäre die Elefantenkuh bei einem Misserfolg des Projekts, der weit wahrscheinlicher ist als ein Erfolg, danach nie wieder imstande, ein Kalb zu gebären. Sollte ihr Immunsystem den Fötus in einem späten Stadium der Trächtigkeit abstoßen, verliert man nicht nur das „Mammut", sondern auch eine mögliche Elefanten-Mutter, die für den Erhalt ihrer eigenen Art aber immens wichtig ist! Ähnliche Problematiken gibt es auch bei vielen anderen ausgestorbenen Tieren, zu denen bereits De-Extinktionsprogramme laufen. Für viele stehen noch nicht einmal nah verwandte Arten zur Verfügung, um die Tiere auszutragen. Das Risiko steigt exponentiell, je entfernter die Verwandtschaft ist.

Wer vor diesem Hintergrund mit Tierschutzargumenten kommt, der ist an Doppelzüngigkeit kaum zu übertreffen. Das Leben und Wohlbefinden der Leihmütter würden schließlich für ein zutiefst fragwürdiges Ziel mit einer nur geringen Erfolgschance völlig unverhältnismäßig aufs Spiel gesetzt. Den hohen Spieleinsatz zahlen immer nur die Tiere.

Es mag Menschen geben, die auch trotz der Tatsache, dass wir bei der De-Extinktion von Säugetieren nach wie vor auf Leihmutterschaft angewiesen wären, die Möglichkeit, doch irgendwann ein „echtes" Mammut sehen zu können, all diesem Leid voranstellen. Wissenschaft musste schließlich immer schon hohe Preise zahlen. Und manchmal muss die Ethik eben zugunsten des Fortschritts weichen, oder nicht?

Wer so denkt, dem möchte ich gern folgende Frage stellen: Den Damen, die selbst über eine Gebärmutter verfügen: Würdet ihr diese der Forschung freiwillig zur Verfügung stellen, um z. B. der Wiedererschaffung eines Neandertalers zu dienen? Auch mit dem Wissen, dass Neandertaler viel größere Schädel hatten als *Homo sapiens*, die wahrscheinlich nicht durch euer Becken passen, und ihr und euer Kind ein hohes Risiko tragen werdet, während der Geburt zu sterben? Und allen davon vielleicht unbeeindruckt gebliebenen Männern: Würdet ihr wollen, dass sich eure Mütter, Schwestern, Frauen oder Freundinnen für so eine Prozedur hergeben?

Wenn die Antwort „nein" lautet, sollte man auch konsequenterweise zur De-Extinktion „nein" sagen, solange sie noch tierische Leihmütter benötigt. Und wer immer noch „ja" sagt, sollte sich wirklich professionelle Hilfe suchen.

Da die De-Extinktion noch viele Fragen offenlässt, die aber für das Überleben eines zurückgebrachten Tieres essenziell sind, ist es aus ethischer Sicht strikt abzulehnen, dass jemals ausgestorbene Tiere zurück auf unsere Erde gebracht werden. Unsere Unwissenheit wäre mit einem ungeheuren Leid für die Tiere verbunden, wenn man sie nur zur Befriedigung der Neugier, aus wissenschaftlichem Ehrgeiz oder allein aus Profitdenken zurück ins Leben ruft. Der Reiz dahinter, den wohl jeder Urzeit-Fan nachfühlen kann, ist zwar verständlich: Natürlich würde auch ich liebend gerne mal einen echten Dinosaurier, oder auch meinetwegen nur eine dinoähnliche Keimbahnchimäre oder einen Mammufanten in Wirklichkeit sehen wollen. Cool wäre das auf jeden Fall! Aber mit meinen Werten als tierliebender Mensch und als Naturfreund wäre das ganz und gar nicht zu vereinbaren. Wer als Fan von Jurassic Park die ethischen Grenzen missachtet und immer noch gern einen echten Urzeit-Park besuchen würde, der hat die wichtigste Botschaft des Films leider nicht verstanden.

Quellen- und Literaturverzeichnis:

Filme und Serien:

- Gattaca (Andrew Niccol, US), 1997.
- Jurassic Park (Steven Spielberg, US), 1993.
- The Lost World: Jurassic Park (Steven Spielberg, US), 1997.
- Jurassic Park III (Joe Johnston, US), 2001.
- Jurassic World (Colin Trevorrow, US), 2015.
- Jurassic World: Fallen Kingdom (Juan A. Bayona, US), 2018.
- Jurassic World Dominion (Colin Trevorrow, US), 2022.
- King Kong (Merian C. Cooper, US), 1933.
- Star Wars: Episode II – Attack of the Clones (George Lucas, US), 2002.
- Star Wars: Episode III – Revenge of the Sith (George Lucas, US), 2005.
- Star Wars – The Bad Batch (Dave Filoni / Jennifer Corbet, US), 2021-2024.
- Star Wars – The Clone Wars (George Lucas / Dave Filoni, US), 2008-2014, 2020.
- The Island (Michael Bay, US), 2005.
- The Lost World (Harry O. Hoyt, US), 1925.
- The 6th Day (Roger Spottiswoode, US, CA) 2000.
- The Valley of Gwangi (James O'Connolly, US), 1969.

Studien:

- Aguilera-Castrejon, B. Oldak, T. Shani, N. Ghanem, C. Itzkovich, S. Slomovich, S. Tarazi, J. Bayerl, V. Chugaeva, M. Ayyash, S. Ashouokhi, D. Sheban, N. Livnat, L. Lasman, S. Viukov, M. Zerbib, Y. Addadi, Y. Rais, S. Cheng, Y. Stelzer, H. Keren-Shaul, R. Shlomo, R. Massarwa, N. Novershtern, I. Maza & J. H. Hanna: Ex utero mouse embryogenesis from pre-gastrulation to late organogenesis. In: Nature 593, 2021. S. 119–124.
- G. Ausilio, H. Sand, J. Månsson, K. M. Mathisen, C. Wikenros: Ecological Effects of Wolves in Anthropogenic Landscapes. The Potential for Trophic Cascades Is Context-Dependent. In: Frontiers in Ecology and Evolution, 08.01.2021.
- M. Bailleul, W. Zheng, J. R. Horner, B. K. Hall, C. M. Holliday & M. H. Schweitzer: Evidence of proteins, chromosomes and chemical markers of DNA in exceptionally preserved dinosaur cartilage. In: National Science Review 7, 2020 (4). S. 815–822.
- L. M. Chaĭlakhian, B. N. Veprintsev, T. A. Sviridova & V. A. Nikitin: Elektrostimuliruemoe sliianie kletok v kletochnoĭ inzhenerii. In: Biofizika 32, 1987 (5). S. 874-87.
- Emma Dorey: Huia cloned back to life? In: Nature Biotechnology 17, 1999 (8). S. 736.
- S. V. Edwards, A. Cloutier, G. Cockburn, R. Driver, P. Grayson, K. Katoh, M. W. Baldwin, T. B. Sackton & A. Baker: A nuclear genome assembly of an extinct flightless bird, the little bush moa. In: Science Advanced 10, 2024. DOI:10.1126/sciadv.adj6823.

- J. Folch, M.J. Cocero, P. Chesné, J.L. Alabart, V. Domínguez, Y. Cognié, A. Roche, A. Fernández-Árias, J.I. Martí, P. Sánchez, E. Echegoyen, J.F. Beckers, A. Sánchez Bonastre & X. Vignon: First birth of an animal from an extinct subspecies (Capra pyrenaica pyrenaica) by cloning. In: Theriogenology 71 2009 (6). S. 1026–1034.
- D. H. Erwin & M. L. Droser: Elvis taxa. In: PALAIOS 8, 1993 (6). S. 623–624.
- Y. Feigin, A. H. Newton, L. Doronina, J. Schmitz, C. A. Hipsley, K. J. Mitchell, G. Gower, B. Llamas & J. Soubrier: Genome of the Tasmanian tiger provides insights into the evolution and demography of an extinct marsupial carnivore. In: Nature Ecology & Evolution 2, 2018 (1). S. 182–192.
- R. E. Green, A. S. Malaspinas, J. Krause, J. A. Briggs, P. L. Johnson, C. Uhler, M. Meyer, J. M. Good, T. Maricic, U. Stenzel, K. Prüfer, M. Siebauer, H. A. Burbano, M. Ronan, J. M. Rothberg, M. Egholm, P. Rudan, D. Brajković, Z. Kućan, I. Gusić, M. Wikström, L. Laakkonen, J. Kelso, M. Slatkin & S. Pääbo: A complete Neandertal mitochondrial genome sequence determined by high-throughput sequencing. In: Cell 134, 2008 (3). S. 416–426.
- J. B. Gurdon, T. R. Elsdale & M. Fischberg: Sexually mature individuals of Xenopus laevis from the transplantation of single somatic nuclei. In: Nature 182, 1958. S. 64–65.
- Piero Genovesi & Daniel Simberloff: "De-extinction" in conservation: Assessing risks of releasing "resurrected" species. In: Journal for Nature Conservation 56, 2020.
- T. Halliday: The extinction of the passenger pigeon Ectopistes migratorius and its relevance to contemporary conservation. In: Biological Conservation 17, 1980 (2). S. 157–162.

- E. H. Harley, M. H. Knight, C. Lardner, B. Wooding & M. Gregor: The Quagga Project: Progress over 20 Years of Selective Breeding. In: South African Journal of Wildlife Research 39, 2009 (2). S. 155–163.
- W. Huang, F. Arai, & T. Kawahara: Egg-in-cube: design and fabrication of a novel artificial eggshell with functionalized surface. In: PLOS ONE 10, 2015 (3), e0118624. https://doi.org/10.1371/journal.pone.0118624.
- W. Huang, M. Itayama, F. Arai, K. S. Furukawa, T. Ushida, & T. Kawahara: An angiogenesis platform using a cubic artificial eggshell with patterned blood vessels on chicken chorioallantoic membrane. In: PLOS ONE 12, 2017 (4), e0175595. https://doi.org/10.1371/journal.pone.0175595.
- J. A. Jackson, B. Jackson: Extinction: the Passenger Pigeon, last hopes, letting go. In: The Wilson Journal of Ornithology 119, 2007 (4). S. 767–772.
- M. Jinek, K. Chylinski, I. Fonfara, M. Hauer, J. A. Doudna, E. Charpentier: A Programmable Dual-RNA–Guided DNA Endonuclease in Adaptive Bacterial Immunity. In: Science 337, 2012 (6096). S. 816–821.
- Jørgensen: Reintroduction and De-extinction. In: BioScience 63, 2013 (9). S. 719-720.
- J. Lin, D. Duchêne, C. Carøe, O. Smith, M. M. Ciucani, J. Niemann, D. Richmond, A.D. Greenwood, R. MacPhee, G. Zhang, S. Gopalakrishnan & M. Thomas P. Gilbert: Probing the genomic limits of de-extinction in the Christmas Island rat. In: Current Biology 32, 2022 (7). S. 1650–1656.

- P. Loi, J. Saragusty & G. Ptak: Cloning the Mammoth: A Complicated Task or Just a Dream? In: W. V. Holt, J. L. Brown & P. Comizzoli (Hgg.): Reproductive Sciences in Animal Conservation, Advances in Experimental Medicine and Biology 753. New York, 2014. S. 489–502.
- V. Lopatin, M. V. Sotnikova, A. I. Klimovsky, A. V. Lavrov, A. V. Protopopov, D. O. Gimranov & E. V. Parkhomchuk: Mummy of a juvenile sabre-toothed cat Homotherium latidens from the Upper Pleistocene of Siberia. In: Scientific Reports 14, 2024 (1). S. 28016.
- Marris: Conservation biology. Reflecting the past. In: Nature 462, 2009. S. 30–32.
- O. C. Marsh: Notice of new American Dinosauria. In: American Journal of Science 37, 1989 (220). S. 331–336.
- P. A. Meylan PA & R. G. Webb: Rafetus swinhoei (Gray) 1873, a valid species of living soft-shelled turtle (family Trionychidae) from China. In: Journal of Herpetology 22, 1988. S. 118–119.
- W. Miller, D. I. Drautz, A. Ratan, B. Pusey, J. Qi, A. M. Lesk, L. P. Tomsho, M. D. Packard, F. Zhao, A. Sher, A. Tikhonov, B. Raney, N. Patterson, K. Lindblad-Toh, E. S. Lander, J. R. Knight, G. P. Irzyk, K. M. Fredrikson, T. T. Harkins, S. Sheridan, T. Pringle & S. C. Schuster: Sequencing the nuclear genome of the extinct woolly mammoth. In: Nature 456, 2008 (7220): S. 387-390.
- S. J. O'Brien, W. E. Johnson, C. A. Driscoll, P. Dobrynin, & L. Marker: Conservation genetics of the cheetah. Lessons learned and new opportunities. In: Journal of Heredity. 108, 2017 (6). S. 671–677.

- H. F. Osborn: Three new Theropoda, Protoceratops zone, central Mongolia. In: American Museum Novitates 144, 1924. S. 1–12.
- H. F. Osborn: Tyrannosaurus and other Cretaceous carnivorous dinosaurs. In: Bulletin of the American Museum of Natural History 21, 1905 (14). S. 259–265.
- H. Osmolska, E. Roniewicz & R. Barsbold: A new dinosaur, Gallimimus bullatus n. gen., n. sp. (Ornithomimidae) from the Upper Cretaceous of Mongolia. In: Palaeontologia Polonica 27 (1972). S. 103–143.
- R. Owen: On the bone of an unknown struthious bird from New Zealand. In: Proceedings of the Zoological Society of London for 1839. Teil 7, Nr. 83. London, 1840. S. 169–171.
- W. A. Parks: Parasaurolophus walkeri, a new genus and species of trachodont dinosaur. In: University of Toronto Studies. Geological Series 13. S. 5–32.
- A. Partridge, M. G. Davey, M. A. Hornick, P. E. McGovern, A. Y. Mejaddam, J. D. Vrecenak, C. Mesas-Burgos, A. Olive, R. C. Caskey, T. R. Weiland, J. Han, A. J. Schupper, J. T. Connelly, K. C. Dysart, J. Rychik, H. L. Hedrick, W. H. Peranteau, & A. W. Flake: An extra-uterine system to physiologically support the extreme premature lamb. In: Nature communications 8, 2017 (15112). https://doi.org/10.1038/ncomms15112.
- N. Poulakakis, S. Glaberman, M. Russello, L. B. Beheregaray, C. Ciofi, J. R. Powell & A. Caccone: Historical DNA analysis reveals living descendants of an extinct species of Galápagos tortoise. In: Proceedings of the National Academy of Sciences 105, 2008 (40). S. 15464–15469.
- P. A. Rees: Elephants Under Human Care: The Behaviour, Ecology, and Welfare of Elephants in Captivity. In: Academic Press London, 2021. S. 167.

- E.S. Riggs: Brachiosaurus altithorax, the largest known dinosaur. In: American Journal of Science 4, 1903 (15, 88). S. 299–306.
- W. J. Ripple, R. L. Beschta, C. Wolf, L. E. Painter & A. J. Wirsing: The strength of the Yellowstone trophic cascade after wolf reintroduction. In: Global Ecology and Conservation 58, 2025.
- M. Rokosz: History of the aurochs (Bos taurus primigenius) in Poland. In: Animal Genetic Resources Information 16, 1995. S. 5–12.
- O. A. Ryder, S. Thomas, J. Martin Judson, M. N. Romanov, S. Dandekar, J. C. Papp, L. C. Sidak-Loftis, K. Walker, I. H. Stalis, M. Mace, C. C. Steiner & L. G. Chemnick: Facultative Parthenogenesis in California Condors. In: Journal of Heredity 112, 2021 (7). S. 569–574.
- T. Saitta, E. Liang, M. C. Lau, C. M. Brown, N. R. Longrich, T. G. Kaye, B. J. Novak, S. L. Salzberg, M. A. Norell, G. D. Abbott, M. R. Dickinson, J. Vinther, I. D. Bull, R. A. Brooker, P. Martin, P. Donohoe, T. D. Knowles, K. E. Penkman & T. Onstott: Cretaceous dinosaur bone contains recent organic material and provides an environment conducive to microbial communities. In: eLife 8, 18 Jun. 2019. doi:10.7554/eLife.46205.
- S. Sallon, E. Cherif, N. Chabrillange, E. Solowey, M. Gros-Balthazard, S. Ivorra, J. Terral, M. Egli & F. Aberlenc: Origins and insights into the historic Judean date palm based on genetic analysis of germinated ancient seeds and morphometric studies. In: Science Advances 6, 2020 (6). doi:10.1126/sciadv.aax0384. ISSN 2375-2548

- S. Sallon, E. Solowey, M. R. Gostel, M. Egli, G. R. Flematti, B. Bohman, P. Schaeffer, P. Adam & A. Weeks: Characterization and analysis of a Commiphora species germinated from an ancient seed suggests a possible connection to a species mentioned in the Bible. In: Communications Biology 7, 2024 (1). S. 1109.
- M. H. Schweitzer, J. L. Wittmeyer, J. R. Horner & J. K. Toporski: Soft-Tissue Vessels and Cellular Preservation in Tyrannosaurus rex. In: Science 307, 2005 (5717). S. 1952–1955.
- M. H. Schweitzer, W. Zheng, T. P. Cleland, M. Bern: Molecular analyses of dinosaur osteocytes support the presence of endogenous molecules. In: Bone 52, 2013 (1). S. 414-423.
- P. J. Seddon: The Ecology of De-Extinction. In: Functional Ecology 31, 2017 (5). S. 992–995.
- S. Sharko, E. S. Boulygina, S. V. Tsygankova, N. V. Slobodova, D. A. Alekseev, A. A. Krasivskaya, S. M. Rastorguev, A. N. Tikhonov & A. V. Nedoluzhko: Steller's sea cow genome suggests this species began going extinct before the arrival of Paleolithic humans. In: Nature Communications 12, 2021 (1). S. 2215.
- D. Z. Tong, S. Q. Wu, Y. F. Ye, S. Y. Yang, M. Du & D. Y. Lu: Nuclear transfer in fishes. In: Science Bull, 1963 (7). S. 60–61.
- S. T. Turvey & A. S. Cheke: Dead as a dodo: the fortuitous rise to fame of an extinction icon. In: Historical Biology. 20, 2008 (2). S. 149–163.
- H. Wang, H. Kim, L. Cong, J. Jeong, D. Bang, G. M. Church: Genome-scale promoter engineering by coselection MAGE. Nature Methods, Vol. 9, 2009 (6). S. 591.

- S. P. Welles: New Jurassic dinosaur from the Kayenta Formation of Arizona. In: Bulletin of the Geological Society of America 65, 1954 (6). S. 591–598.
- White: The Lazarus project: Australian scientists lead the way in trying to restore extinct species. In: Science Education News 62, 2013 (1). https://search.informit.org/doi/10.3316/INFORMIT.332925114076125.
- P. M. Whittle, E. J. Stewart & D. Fisher: Re-creation tourism: de-extinction and its implications for nature-based recreation. In: Current Issues in Tourism 18, 2014 (10). S. 908–912.
- Wilmut, A. E. Schnieke, J. McWhir, A. J. Kind & K. H. S. Campbell: Viable offspring derived from fetal and adult mammalian cells. In: Nature 385, 1997. S. 810–813.
- M. E. Woodcock, A. Idoko-Akoh, & M. J. McGrew: Gene editing in birds takes flight. Mammalian Genome. In: Official Journal of the International Mammalian Genome Society, 28, 2017 (7–8). S. 315–323.
- B. Wyatt, P. F. Campos, M. T. P. Gilbert, S. Kolokotronis, W. H. Hynes, R. DeSalle, P. Daszak, R. D. E. MacPhee, A.D. Greenwood: Historical Mammal Extinction on Christmas Island (Indian Ocean) Correlates with Introduced Infectious Disease. In: OLOS ONE 3, 2008 (11). doi:10.1371/journal.pone.0003602.
- H. Yang, E. M. Golenberg, & J. Shoshani: Proboscidean DNA from museum and fossil specimens: an assessment of ancient DNA extraction and amplification techniques. In: Biochemical Genetics. 35, 1997 (5). S. 165–179.

- W. Zhao, Z. Guo, Z. Tian, T. Fu Su, G. Cao, Z. Qi, T. Qin, W. Zhou, J. Yang, M. Chen, X. Zhang, C. Zhou, C. Zhu, M. Tang, D. Wu, M. Song, Y. Guo, L. Qiu, F. Liang, M. Li, J. Geng, L. Zhao & S. Zhang: Ancient DNA in Lycoptera Fossils: Key Discoveries for Evolution and Methodological Reassessment. In: bioRxiv. https://doi.org/10.1101/2023.06.18.545504.
- X. Zheng, A. M. Bailleul, Z. Li, X. Wang & Z. Zhou: Nuclear preservation in the cartilage of the Jehol dinosaur Caudipteryx. In: Communications Biology 4, 2021 (1125). https://doi.org/10.1038/s42003-021-02627-8.
- Sergei Zimov (2007): Mammoth Steppes and Future Climate. In: Science in Russia, 2007. S. 105–112.

Pressemeldungen:

- Patrick Barkham: York groundsel blooms again in Britain's first-ever de-extinction event. In: The Guardian, 27. Mai 2023.
- Sharon Begley: With DNA from a museum specimen, scientists reconstruct the genome of a bird extinct for 700 years. In: STAT, 27, Februar 2018.
- Carly Cassella: A Freakishly Well-Preserved Woolly Rhino Was Plucked from Siberia's Melting Tundra. In: ScienceAlert, 2. Januar 2021.
- Lorin Cox: With plan to revive extinct passenger pigeon species, researchers are testing Wisconsin trees. In: WPR, 22. Oktober 2024.
- Lindsay Dodgson: 25 animals that scientists want to bring back from extinction. In: Business Insider, 19. Februar 2021.
- Chris H. Hanoi: Rare, Revered Reptile on Brink of Extinction After Last Female Dies. In: TIME, 28. April 2023.
- Julia Jacobo: How the process of de-extinction will be used to restore this fabled species. In: ABC News, 1. Oktober 2024.
- Jeffrey Kluger: An Inside Look at the Embryo Transplant That May Help Save the Northern White Rhino. In: TIME, 25. Januar 2024.
- Jeffrey Kluger: The Return of the Dire Wolf. In: TIME, 7. April 2025.
- D. T. Max: The Dire Wolf Is Back. In: The New Yorker, 7. April 2025.
- Stephen Messenger: Scientists successfully create living embryo of an extinct species. In: Internet Archive, 16. November 2017.
- Tom Michael: Scientists to clone Ice Age cave lion. In: News.Com. Au, 5. März 2016.

- Tobias Müller: Laborfleisch der Zukunft. Lecker Frikadelle vom Mammut. In: TAZ, 5. April 2023.
- Lance Murray: Colossal Launches the Colossal Foundation with $50M for 'BioVault' Biobanking, Genetic Rescues, and More. In: Dallas Innovates, 1. Oktober 2024.
- Henry Nicholls: The return of the Floreana giant tortoise. In: Galapagos Conservation Trust, 12. April 2024.
- Rachel Nuwer: Scientists Make Novel Attempt to Save Giant Turtle. In: The New York Times, 26. Mai 2015.
- Amanda Renko: Extinct. Seeking a bird last seen in 1878. In: Star-Gazette, 27. August 2024.
- Paul Rincon: Fresh effort to clone extinct animal. In: BBC News, 22. November 2013.
- Anna Skinner: Extinct animals could suddenly be brought back to life. Newsweek, 1. Dezember 2023.
- Kiona N. Smith: Scientists Sequenced the Genome of The Carolina Parakeet, America's Extinct Native Parrot. In: Forbes, 19. September 2024.
- Michelle Starr: Europe's Wooly Rhino Genes Reconstructed from DNA in Predator Poop. In: ScienceAlert, 2. November 2023.
- Lea Surugue: Cloning ancient extinct bison sounds like sci-fi, but scientists hope to succeed within years. In: International Business Times UK, 2. Dezember 2016.
- Sarah Zhang: After 2,000 Years, These Seeds Have Finally Sprouted. In: The Atlantic, 05. Februar 2020.

Sekundärliteratur:

- Edwin Antonius: Lexikon ausgerotteter Vögel und Säugetiere. Münster, 2003.
- Trevor H. Worthy & Richard N. Holdaway: The Lost World of the Moa. Prehistoric Life of New Zealand. Bloomington, 2002.
- Douglas I. Campbell & Patrick M. Whittle: Resurrecting Extinct Species. London, 2017.
- Lewis Carroll: Alice im Wunderland (Alice's Adventures in Wonderland, 1865). Übersetzt von Angelika Beck. Köln 2021.
- Divyabhanusinh: The End of a Trail: The Cheetah in India. New Delhi, 1999.
- Marleen Felius: Cattle Breeds. An Encyclopedia. North Pomfret (VT), 2007.
- Walter Frisch: Der Auerochs. Das europäische Rind. Seeshaupt 2010.
- Tim Flannery & Peter Schouten: A Gap in Nature. Discovering the World's Extinct Animals. New York, 2001.
- Errol Fuller: Dodo. From Extinction to Icon. London, 2002.
- Rebecca E. Hirsch: De-Extinction. The Science of Bringing Lost Species Back to Life. Minneapolis, 2017.
- Julian Hume: Extinct birds. London / New York, 2017.
- Heinz F. Moeller: Der Beutelwolf. Thylacinus cynocephalus. Magdeburg, 1997.
- Ian Wilmut, Keith Campbell & Colin Tudge: Dolly. Der Aufbruch ins biotechnische Zeitalter. Übersetzt von Hainer Kober. München / Wien 2001.
- Laura Geggel: Dino-chicken gets one step closer. In: LiveScience, 19. Mai 2015. https://www.livescience.com/50886-scientific-progress-dino-chicken.html.

- Markus P. Kretschmer: Die Weißen Steine (Romanreihe). Duisburg / Kiel seit 2018.
- Adrian Lister & Paul G. Bahn: Mammoths: Giants of the Ice Age. London, 2007.
- Hans Rothauscher: Die Stellersche Seekuh. Monografie der ausgestorbenen Nordischen Riesenseekuh. Norderstedt, 2008.
- Beth Shapiro: How to Clone a Mammoth. The Science of De-Extinction. Princeton, 2015.

Weiterführende Websites:

- Species Survival Commisson (IUCN): https://www.keyconservation.org/iucnssc
- Definition De-Extinktion (IUCN SSC: Genetic frontiers for conservation: An assessment of synthetic biology and biodiversity conservation. In: IUCN, Gland. Report 2016-009): https://portals.iucn.org/library/sites/library/files/documents/Rep-2016-009.pdf
- Die Weißen Steine (Website des Autors): https://www.dieweissensteine.de/
- Arctic Sirenia (Projekt zur De-Extinktion der Stellerschen Seekuh): https://arcticsirenia.com/
- BioRescue (u.a. zur De-Extinktion des Nördlichen Breitmaulnashorns): https://www.biorescue.org/de/home
- Birbal Sahni Institute of Palaeosciences: https://www.bsip.res.in/hin_index.php
- Colossal Biosciences: https://colossal.com/
- Colossal Foundation: https://colossalfoundation.org/
- Galapagos Conservation Trust: https://galapagosconservation.org.uk/
- Grupo de Apoio ao Resgate do Rastreador Brasileiro (Initiative zur De-Extinktion der Hunderasse Rastreador Brasileiro): https://www.rastreadorbrasileiro.com.br/
- Mammoth Genome Project: http://mammoth.psu.edu/
- Millenium Seed Bank: https://www.kew.org/
- Netzwerk für Kryptozoologie: https://netzwerk-kryptozoologie.de/
- Revive & Restore: https://reviverestore.org/

- Red Wolf Recovery Program (Initiative zum Schutz des Rotwolfs): https://www.fws.gov/project/red-wolf-recovery-program
- Revilding Europe (Mit Tauros-Programm und Taurus Projekt): https://rewildingeurope.com/
- TedXDe-Extinction (mit Uruz-Projekt): https://www.ted.com/
- The Quagga Project: https://www.quaggaproject.org/
- Turtle Survival Alliance: https://turtlesurvival.org/
- VOW (Mammut-Frikadelle): https://www.forgedbyvow.com
- WWF (World Wildlife Foundation) Deutschland: https://www.wwf.de/

Ihre Zufriedenheit ist unser Ziel!

Liebe Leser, liebe Leserinnen,

hat Ihnen unser Buch gefallen? Haben Sie Anmerkungen für uns? Kritik? Bitte zögern Sie nicht, uns zu schreiben. Wir werden jede Nachricht persönlich lesen und beantworten.

Schreiben Sie uns: info@ek2-publishing.com

Wir würden uns zudem riesig freuen, wenn Sie uns dabei unterstützen, dieses Buch sichtbarer zu machen. Bitte nehmen Sie sich einen Moment Zeit und bewerten Sie dieses Buch auf Amazon. Viele positive Rezensionen führen dazu, dass das Buch erfolgreich wird und wir für Sie weitere spannende Bücher herausbringen können.

Sie können somit mit wenigen Minuten Zeitaufwand unserem kleinen Familienunternehmen einen großen Gefallen tun. Vielen Dank für Ihre Unterstützung!

PS: In seltenen Fällen kommt ein Buch beschädigt beim Kunden an. Bitte zögern Sie in diesem Fall nicht, uns zu kontaktieren. Selbstverständlich ersetzen wir Ihnen das Buch kostenlos.

Impressum

Eine Veröffentlichung der EK-2 Publishing GmbH

Friedensstraße 12
47228 Duisburg
Registergericht: Duisburg
Handelsregisternummer: HRB 30321
Geschäftsführerin: Monika Münstermann

E-Mail: info@ek2-publishing.com
Website: www.ek2-publishing.de

Titelbild: Mario Heyer
Abbildungen: Markus Peter Kretschmer
Autor: Markus Peter Kretschmer
Lektorat & Buchsatz: Eduard Krisan

1. Auflage, November 2025

www.ingramcontent.com/pod-product-compliance
Lightning Source LLC
LaVergne TN
LVHW010945051026
849532LV00003B/1135